大学迷茫问答

晋早 著

华夏出版社

前言：毕业十年，答迷茫问

> 希腊智慧神庙的门楣为什么会刻上苏格拉底"认识你自己"的箴言？20世纪90年代初，哈佛大学教授约瑟夫·奈首创软实力（Soft Power）概念，"个人软实力"是指没法用证书考核的能力，比如思维能力、沟通能力、表达能力、领导力、快速学习能力、团队协作能力、性格品质等。

本书原名是《大学生的"坟"》，为了更加切合主题——帮助大学生消除普遍存在的迷茫、颓废等问题，所以这次改版更名为《大学迷茫问答》，并修订和更新了大部分内容。为了更有效地解答大学生的问题，新版大量篇幅采用了来信问答的形式，希望尽可能地给学生们更深入、更有针对性的启示。

大学，不论是十多年前我读大学的时候，还是十多年后的今天，学生普遍都会发生迷茫。

迷茫的原因，不仅仅是我们的教育需要更加努力，也是因为迷茫是青春的一个必经阶段。因为每一个年轻人对自己的认知、对他人的认知、对社会的认知、对未来的认知，都是一个渐进的过程，是一个从无到有的过程，是一个由浅入深的过程。所以，谁的青春不曾迷茫过？

但是，我们不能因此就让迷茫泛滥成灾；或因为迷茫，就心安理得地颓废、浪费青春。

对于大部分学生来说，他们可能没有一个懂得人生规划的家长，没有一个懂得大学问题的亲戚，也没有一个能回答从大学到毕业后十年间全部问题的学长。所以，我把自己多年的社会经验、教育经验写出来，也算是对大学生的一种贡献，希望帮助他们尽快度过迷茫这个阶段，少走一些弯路。

迷茫有很多种表现：要么因为迷茫，所以没有动力，就像烂泥一样颓废堕落；要么因为迷茫，找不到方向，就像猴子一样跟风模仿，别人干什么自己也干什么；要么"死努力""瞎努力"、走弯路，患上"考研盲目症""英语癫狂症""高考后遗症""商业意识阉割症"等。有些中毒浅的已经开始怀疑自己这样做到底对不对，有些中毒深的还在至死不渝地走他的"独木桥"，对于这类人，我只能语重心长地说一句："兄弟，光努力是不够的，要会努力才行。"

迷茫的原因有很多：

第一，高考之后明确目标的缺失。高中不迷茫是因为目标很明确，那就是要拼分数、考大学。而大学里的选择、出路太多了，所以很多人反而没有了目标。

第二，很多人缺乏独立思考能力，习惯被别人安排。高中不迷茫是因为课程安排紧凑且老师会不断地拿出材料来"喂"学生，所以学生不需要想事，不会感觉到迷茫。但到了大学，没有人全面"喂养"或者详细安排，所以很多没思想且习惯被安排的人就迷茫了。

第三，社会多元价值观的影响。高中的时候，也许成绩好就是成功，而大学和社会的成功标准多种多样。成绩好可能受到尊重，但才艺多、活动能力强、创富能力强、学术成就高，等等，也是很多人的追求。大学生在自我认识不足且信息面过窄的情况下，就出现了茫然而不知如何选择的情况。

还有很多其他原因，比如上代人陈腐思想观念的影响等。

十多年来，我在全国高校做了多场讲座，接触了无数大学生，加上我自己在大学读书、教育创业多年，所以我对大学生的问题比较了解。如果说，当看到大批颓废堕落的大学生时，我会惋惜；而在看到那些盲目努力的人走在错误的路上时，我会更加心痛。当我与他们面对面交流时，这种感觉会更为强烈。

当我看到一些没有家庭背景和社会关系的大学生，拿着一张不见经传的大学文凭，怀揣着一张寒碜的简历，毕业时焦急地四处流窜碰壁时，我在想，为什么同样是大学四年，别人变成了强者，你却变成了一个弱者呢？

当我看到一个个只会背书、做题、考证、考级拼成绩的人，连一个很简单的现实问题都解决不了的时候，我会想，是什么东西把他们的思维能力给废了？

当我在招聘时看到很多人读了多年书却连自我介绍都讲不清楚的时候，我会想，是什么东西让大学生把表达能力给废了？

当我看见一些两眼呆滞、一脸死相的研究生时，我会想，如果读书读成这个样子，就算学历再高、能力再强，人生又有什么意义呢？

当我看到很多大学生给我发邮件，诉说他迷茫、贫困、孤独、自卑的时候，我会想，为什么没人给你解答迷茫、没人教你怎么自立？是什么东西剥夺了你的自信，并让你在熙熙攘攘的校园如此孤独？

所以，我写了这本书，专门批驳那些让你"死努力""瞎努力"、走弯路的迂腐思想和陈旧观念，同时，也让你认清自己、认清这个世界。最终想让你明白：你是谁，你要干什么。

我发现，尽管我将自己对大学生问题的看法和观点写在了书里，但依然有很多大学生给我发来邮件，"你的书我看了，学到很多东西，但是，我这个问题该怎么办呢？"我发现，很多学生的学习能力并不强，他们不能很好地将书本理论和自己的实际问题联系起来。

还有很多读者希望增加一些具体问题的案例分析，以便理解更深入、更直观。所以本书这次改版，我精选了一些来信作为案例。有些案例已经与当事人取得联系并获得许可，有些暂未联系上。为避免隐私泄漏，我统一去掉了姓名等相关信息，案例中的相关细节也做了删节和改动。

为了本书的写作，我每天对着电脑打字十多个小时，蓬头垢面，眼睛发胀。由于精神紧张，从不失眠的我竟然会夜夜睡不着。

因为个性使然，书中的观点和文字依然犀利。无数次讲座证明，犀利的结果有两种：一种是让大部分人拍手称快，一种是让少部分人恼羞成怒。

但我并不认为引发某些人"愤青"就是一件坏事，思想的活跃和观点的交锋，都会促使人们的觉醒和社会的进步。当然，如果你让我写一些毫无个性、中规中矩、不偏不倚、不痛不痒的文字，我也能写出来，然后让你看得毫无脾气的同时，也让你毫无收获。

任何一个稍微成熟的人都知道，骂你的人不一定是坏人，捧你的人也不一定是好人；让你哭的人不一定是坏人，让你笑的人也不一定是好人。同样的道理，我的这些让你听起来刺耳的声音，这些让你看起来不是很温情脉脉的文字，以及一些大家都知道但不方便或不愿意讲出来的实话，也不一定就会让你不舒服。

有学生跟我说，有些人只会表扬学生，然后弄得那些学生都不知道自己是谁了。而你却用真诚的方式，给他们还原了一个真实的自己。

这本书不是写给"八卦"的人看的，所以里面没有精美的插图和太多的心情日记；这本书也不是写给颓废的人看的，因为颓废的人是不会看书的。这本书主要是写给那些上进但可能有点迷茫的人看的，是写给那些一直在为改变命运而奋斗的人看的，因为他们是我的同类，我爱他们！

如果希望与我更深入地交流，可以联系下面微信：

扫码添加微信，可领取以下文档：
《晋早2000字创业复盘》
《晋早的10个团队管理心得》
《个人品牌打造的5点思考》

作　者
2019年4月

目 录

前言：毕业十年，答迷茫问

我对考研、创业、贫困、人际关系、性格蜕变等十几个问题的看法

在《大学生的"坟"》的基础上，增加了对大学生迷茫问题的回答

这本书是写给那些上进但可能有点迷茫的人看的，是写给那些一直在为改变命运而奋斗的人看的

一、大学迷茫高频话题

（一）我该不该考研？ …………………………………………（1）

考错研成千古恨，回头已是百年身　考研只是手段，考研出来干什么才是目标　你要听谁的建议，取决于你想成为谁　"天问"：为什么读书不能改变命运？怎么确定要不要考研

（二）我要不要学英语？ …………………………………………（11）

"英语癫狂症"不要跟四六级同归于尽　衡量英语在你生命中的重要性　不同行业岗位需要不同的核心竞争力　别把英语当"救命稻草"　目的不同，侧重点、方法、投入也不一样

（三）什么是"死努力"？ ………………………………………（19）

兄弟，光努力是不够的，要"会"努力才行　自习只是努力的方式之一　当一个人没有能力的时候，人家就会看你的学历　人生阶段不同、目标不同、评价体系不同，努力方式也应该不同

（四）"被阉割了商业意识的人" ………………………………（28）

  你为什么这么穷？鄙视赚钱的人有两种：虚伪和幼稚 商业的本质在于创造价值 像鼻涕虫一样地争夺奖学金 蠢蛋才会拒绝广告单 五六个人挤着睡在一个五六平方米房间里的感觉

二、 认识你和你所在的世界

1. 那些未"断奶"的大学生 ……………………………………（33）

  "我妈妈说" 抱怨大学时间太多、不会安排时间的人，就是未"断奶"的大学生 未来是属于"野草"们的

2. 他们是如何被 QQ 废了的？…………………………………（36）

  他们自的不是习，是寂寞 室友关系融洽度与上网时间成反比 大部分人死在床上，更多人死在网上

3. 像蛆一样地活着 ………………………………………………（39）

  分配性努力与生产性努力 蛆表现为胸无大志、缺乏激情，而且庸化他人 在越是腐化的环境里，蛆的数量就越多

4. 你是"掩耳盗铃"的大学生吗？………………………………（41）

  职业规划对烂泥型的人没用 咨询的意思是，你本身有一定的能力，我只是给你提供必要的信息，把你引导到正确的位置上去

5. "腿残"比"脑残"更可怕 ……………………………………（43）

  有些人爱问解法，但他缺的不是解法，是行动 深入骨髓里的那种懒 "躺下想到千条路，睡醒还是走老路""爷们"和"长工"

6. 大学生眼中的大学生类型 ……………………………………（44）

  宋江型、游戏战神型、神雕侠侣型、西毒欧阳锋型、今朝有酒型、孔雀攀比型、"三白"型、穷酸秀才型、烂泥型、自暴自弃型、盲目优越型、跟风猴子型、兼职副业型、吸血鬼型

7. 你真的变态了吗？……………………………………………（53）

  你不正常！你变态了！你被洗脑了！无知之人总会觉得，凡是我不懂的东西，都是你的不对 凡是我没听说过的东西，都是传销 小学课本里的井底之蛙，已经直接跳入了21世纪

8. "白痴定律" ………………………………………………（56）

　　永远不要和"白痴"争辩，因为他会把你拉到与他同一水平，然后用丰富的经验打败你　庸人的逻辑是，只要你跟他们不一样，你就不正常

9. 该出口时就出口 ………………………………………（58）

　　为什么你不自信？因为你老听别人说话，而自己不说话　很多人并不会因为你的低调而口下留情，更不会对你尊敬有加

10. 我跟你们不一样 ………………………………………（61）

　　你是不是活在别人的眼里和嘴里？认识自我是本书的核心思想　一下很自信，一下不自信，为什么你对自己的认知老在变？

11. 论自信的丧失 …………………………………………（64）

　　高中、大学、社会、职场，评价体系不一样　什么是社会价值观多元化？为什么那个人成绩没我好，工作却找得比我好？自信需要支撑点

12. 你还想"找份稳定的工作"吗？ ……………………（67）

　　哪些人最害怕竞争和淘汰？越是稳定的地方，就越是庸人聚集，也越是会为了一点点利益而拼咬厮杀　最牛掏粪5人组：姐掏的不是粪，是事业单位的编制！

13. "希望"是个好东西，它可以让你继续平庸着 ……（73）

　　很多人都是被"希望"给废了的　"希望"不会发生在没有行动的人身上，对这类人而言，明天就是今天，明年就是今年　希望确实是个好东西，因为它给了你一个活下去的理由

14. 我与游戏抗争的日子 …………………………………（76）

　　游戏的传染途径：一个人总要拉上另外一个人作为对手　我是怎么摆脱曾经上瘾的游戏的？一个"假装考北大"的人的故事　不要高估自己的意志力，人都是需要外部驱动力的

15. 不努力，是因为还不知道什么叫生活 ………………（83）

　　那些蜷缩在地下通道里卖菜的老人们　我的"汤圆"老师　与父母一起劳作打拼，看看他们的劳作环境、汗水泪水、焦虑忧愁、节衣缩食，看看他们是怎么忍受别人白眼的

三、 来信问答： 大学迷茫

1. 我的大学为什么这么痛苦？……………………………………（88）
 你自的不是习，是寂寞　青春本应该精彩多姿，而学习注定是孤独的　大学生常见的思维误区：努力＝自习、学习＝读书　自习只是努力的表现形式之一，读书只是学习的方式之一

2. 我找工作为什么这么痛苦？……………………………………（92）
 朱朱，好久不见　我的专业证书和荣誉证书一大堆，可在用人单位那里形同废纸　每次面试遇到小组讨论，我就怕得要死　用人单位不会给你的文凭证书发工资，只愿意给你的能力发工资

3. 一个优秀的人是如何怀疑自己的？……………………………（95）
 大学四年不做做学生工作，真的不遗憾吗？怎么选择适合自己的土壤？首先你要知道自己是谁：有能力的人直接从市场赚钱，没能力的人通过巴结逢迎、吃拿卡要、蝇营狗苟来获得别人的钱

4. "奔走在困惑的青春里"…………………………………………（101）
 我贪恋学历虚荣，走上了读研不归路　想想还有两年才能毕业，我感觉就是一场灾难　要做擅长的事，而不是做看起来"最有前途的事"　人生的关键节点很多，只赢在一步没有意义

5. 疲于奔命的小梅…………………………………………………（106）
 我想从管理学专业转向艺设系　毕业之际我喜欢上了平面设计，又爱上了文案策划　没有证据的兴趣都是伪兴趣　大学多试错，毕业后才能少跳槽　单纯的近义词是幼稚

6. 高中教书十年的迷茫……………………………………………（110）
 同学都在京城，就我在这所乡村中学教书度日　多年传统教育的思维痼疾，肯定会告诉你"玩"是浪费时间

7. 大学迷茫——快问快答…………………………………………（115）
 不喜欢专业怎么办？　我总是没有目标地去做一些事　不得不说，你的识别能力有限，这不是一本励志书，这是一本讲述软实力思想的书，一本解答大学实际问题的方法论的书

四、来信问答：氛围颓废

1. 颓废像沼泽，我无力逃离 ……………………………………（121）

　　我进入了一所专科学校，身边的人只知道打游戏、看动漫　好学校和差学校的学风有什么区别？　一名985高校的学生写给我的邮件　无论是好习惯还是坏习惯，都是有惯性的

2. 不一样的人，注定不被理解吗？ ………………………………（124）

　　我为了拿那点奖学金，强迫自己学不喜欢的科目，死记硬背，而且深陷考研无法自拔　谁说人生只有高考这一个筛选程序？其后还有迷茫突破考试、颓废抵制考试……

五、来信问答：人际关系问题

1. 我是在嫉妒我的室友吗？ ………………………………………（129）

　　我朋友很少很少，我感觉自己走进了死胡同　室友混得风生水起，更增加了我的不存在感　我的性格是，每次被忽视后，就会情不自禁地去生气，反过去忽略他们，去远离他们，去讨厌他们

2. 害怕待在宿舍的大二学生 ………………………………………（132）

　　融入不了班级和宿舍，心有余而力不足　想通过搞好成绩让同学注意到你？没用！你的成绩好，那是你自己的事情；人际沟通能力强，那是让别人舒服的事情，这是两码事

3. 我被孤立了！ ……………………………………………………（133）

　　现在的大学室友爱三三两两成群结帮，我很不习惯　每次回到宿舍，她们也当我是空气一般　从众是平庸的开始，在所有的认可中，庸人的认可是最没价值的

4. 一定要与自己看不惯的人搞好关系吗？ ………………………（136）

　　我从没住过校，不知道一个寝室竟然有这么多"幺蛾子"　大声煲电话粥、看剧不用耳机、大力甩门　对别人缺乏最基本的尊重、打断别人说话、阴阳怪气地嘲讽他人、说话带脏字

5. "小吴的孤单大学" ……………………………………………（137）
　　人是可以彼此影响的，但到底谁影响谁，要看能量大小　用你的影响力，带着她们上进

6. 因为与室友闹翻，我休学了 ………………………………（138）
　　在一个人的成长过程中，对其影响最大的往往是离他最近的人　宿舍是一个绕不开的地方，室友关系会直接影响一个人的价值观、生存状态、学习效率、心理健康

7. "活死人"是真实存在的 …………………………………（141）
　　宿舍、教室、食堂"三点一线"的大学生活　大三了，他才第一次逛校园　他很少与人沟通交流，他说这是三年来说话最多的一次

六、 来信问答： 父母与教育

1. 童年阴影给我造成的人格缺陷 ……………………………（143）
　　教育，不应该只是追求一个高分，更是要培养一个人健全的人格、健康的心理、独立的思考能力　情商低的原因是什么？如何摆脱讨好型交往？

2. 父母从没学会鼓励我 ………………………………………（153）
　　家是一个让我伤心的地方，在这里我只能感受到冷漠　感觉他们对我就是投资，毕业后是要回贵州老家回报他们的

七、 来信问答： 在贫困中挣扎

1. 如果我对商业有认知，还会这么穷吗？ …………………（158）
　　要改变贫困，有两种途径　商业的意义是什么？人类工作的本质之一，是通过做一件服务于他人的事情，来换取自己生存所需的资源

2. 贫困的悲哀 …………………………………………………（163）
　　都说少年不识愁滋味，可我从小就浸泡在贫困的忧愁里并一直到现在　讲怎么赚钱是一个伪命题　与其谈赚钱，我更喜欢谈怎么提高能力

3. "贫困与迷茫交加的胖子" ………………………………（166）
　　逛淘宝我会自动忽略价格过百的衣服　吃饭一定要撑到产生一种变态

的饱腹感、胃胀痛才肯停止　悲哀的是，太多的学生把自信建立在成绩上　想到毕业后走向社会，就会有一种莫名的恐慌　如何在软实力上找到自信？

4. 是癌症，还是贫困夺走了我父亲？ …………………………………（170）

大二的时候看了你的书，颠覆了很多以往愚昧的认知　学英语，是需要讲究点兴趣和天赋的　如果你只有 ABCD 四个选项，兴趣和天赋却藏在 EFGHIJK 里，你又如何选得出正确的答案？

5. 我不想混吃等死，但我能做什么？ …………………………………（173）

对于任何一个普通人来说，快速赚钱的可能性都很小　不要在低层次的工作里打转转，摆脱低端的兴趣尝试

八、来信问答：怎么提高学习能力

1. 眼皮下垂的研究生 ……………………………………………………（176）

当同学每天为找工作而东奔西走的时候，我却每天宅在宿舍照镜子，观察我的眼睛　你缺乏研究生应有的格局、见识、学习能力

2. 一个不知道"多少字才算一篇文章"的未来作家 …………（179）

我并不想批判他，因为批判他没有意义　学习能力就是自我觅食能力　习惯了在盘子中进食的动物，突然被放到野外，没有了盘子，就被饿死了

九、来信问答：创业面面观

1. 被创业耽误的大四学生 ………………………………………………（186）

鼓励创业，但不鼓励大学生盲目创业；真正有能力的人，随时都可以创业　大学生创业失败的案例多如牛毛，只不过无人宣传，你不知道而已

2. 创业及大学期间创业的一些问题与后果 …………………………（187）

创业失败率高　直接创业，可能失去平台机会　耽误专业技能学习　创业是条不归路　创业的风险不仅仅是失败的风险

3. 创业的几个重要条件 …………………………………………………（190）

行业经验　创业需要商业思维和深度思维　与找工作相比，创业更需要软实力　创业需要强悍的意志和强大的内心

4. 成长建议 ·· (193)

　　大学创业三年失败了,学业也荒芜了,毕业不知道找什么工作　独立创业与跟随创业的区别　木桶理论已死,长板理论为王

十、写给普通家庭的孩子

(一) 普通孩子要认清的形势 ·· (196)

　　普通孩子的社会资源越来越少,上升通道堵塞,多少人直接输在起跑线上　《穷孩子没春天——寒门子弟为何离一线高校越来越远?》　每个人都处在持续不断地定位别人和被别人定位的过程中

(二) 普通孩子要懂得的道理 ·· (201)

　　永远不要颓废!永远不要依赖!正确定位自己,选择好自己的参照物,明白自己要做什么,更懂得自己不要做什么

(三) 普通孩子要改变自己的几个步骤 ································· (204)

　　毕业证书只是一张收据,证明你交过四年学费　开阔眼界,改变性格,培养核心竞争力

十一、思辨力是一种奢侈品

(一) 思辨力是一种很重要的能力 ······································ (207)

　　听了婆婆一把鼻涕一把泪地诉说她儿媳妇多么恶劣,于是你义愤填膺,觉得她媳妇罪该万死　等你听到她媳妇的倾诉辩白,你又发现她媳妇也挺可怜的,婆婆也不是什么好东西

(二) 重读小马过河 ··· (209)

　　最终你会发现,对于过河这件事,你到底要听谁的建议,取决于你的身高更接近谁　如果你身高近乎牛伯伯,那当然是听牛伯伯的;如果你身高近乎松鼠,那就要听松鼠的　事实上,小马能顺利过河,就是因为它身高远超松鼠而接近牛伯伯

（三）沉默真的是金吗？ ………………………………… (211)

  姜太公为了吸引周文王的注意，一直在渭水边直钩钓鱼，直到把自己弄得满城皆知，周文王邀约晤谈 刘备去找诸葛亮，那也是因为他名气大。如果他少言寡语、低调不语，估计也没人知道他的存在

（四）脑白金的广告语是病句？ ……………………………… (213)

  "今年过年不收礼，收礼只收脑白金"，几乎完美地解决了消费需求和购买意愿之间的矛盾 用一个"礼"字，明确地区分了使用者和购买者，而且明确地暗示了人们"谁该送""谁该收"

（五）用人所长，无不可用之人？ …………………………… (214)

  为什么很多大公司招聘，都是来个"四面""五面"，恨不得给你装个全身扫描仪，把你的智商、情商、简历、潜力等扫描个遍？

（六）走入社会，你就有软实力了？ ………………………… (216)

  在我的认知里，很少有什么能力是天生的，每一种能力都需要刻意培养和练习，才可能真正拥有 这就是为什么"三军易得，一将难求"，为什么"将才很少、帅才更少"

（七）说人坏话，是什么心理？ ……………………………… (218)

  许多人就像"垃圾车"，到处跑来跑去，身上充满了垃圾：沮丧、愤怒、忌妒、贪心、怨言、攀比、仇恨、无知、报复…… 垃圾堆积得越来越多，最终会丢到别人身上

（八）你变了，我不知道你发生了什么 ……………………… (221)

  我发现"鸡汤"也有自己不可替代的作用，对于一个脆弱的人来说，它可以治愈、抚慰心灵的创伤 毕竟，这个世界并不是每个人都内心强大、具有强大的自愈能力 我甚至觉得，情商低的人应该多读点"鸡汤"文章

（九）小结 ……………………………………………………… (229)

  人的强大有两种，一种是思想的强大，一种是内心的强大 而内心的强大，往往是因为思想的强大

十二、软实力时代来临

（一）什么是软实力？ ………………………………………（230）

　　你什么都可以没有，但不能没有进取心　为什么常常"富不过三代"？羊群效应：跟风跟到哪里去？

（二）对软实力的认知误区 …………………………………（237）

　　不需要考试的东西都不重要吗？软实力这种能力是虚的还是实的？软实力怎么练？软实力和硬实力哪个重要？

（三）眼界与思维 ……………………………………………（240）

　　眼界、思维、迷茫、格局的关系　现代大学生，要一只眼睛读书，一只眼睛看社会　读大学究竟读什么？

一、大学迷茫高频话题

> 考错研成千古恨，回头已是百年身。谁能回答她：为什么读书不能改变命运？怎么确定要不要考研？不要跟四六级同归于尽，别把英语当"救命稻草"。兄弟，光努力是不够的，要"会"努力才行。五六个人住在一个五六米的房间里是什么感觉？

（一）我该不该考研？

关于考研这个话题，已经有很多人写过了。出于不同的心态和出发点，林林总总，七七八八，林子大了，什么观点和建议都有。

作为一个考研的过来人，也作为一个软实力教育倡导者，我觉得有必要提出自己的观点，减少考研"杯具"的产生。毕竟人生没有回头路：考错研成千古恨，回头已是百年身。

1. 读研读成这样子，还有什么意义！

一次我在农大结束讲座准备离开时，突然一只手从背后搭上我的肩膀，同时伴随着一个低沉的声音："老师，我……"

我转过身，发现一个看起来约30多岁的人，正在结巴着说不出话来。

当看到他毫无表情的面孔、呆滞而直勾勾的眼神,听到他低沉的语调时,我吓了一大跳。因为我看不出他对我的态度是敌是友,直觉让我猜疑这个人是不是有神经病,于是立即警惕起来。

平复一下被惊吓的情绪后,我尽量友好但还是略显生硬地挤出一个笑脸:"你好,请问有什么事吗?"

"你讲得很好,让我明白了软实力的重要性。"他结巴着表达出了完整的意思,"我可以参加你们的沟通表达班吗?"

我心里的石头终于放了下来,因为感觉他对我没有恶意。

后来,我们慢慢地进行了一些交流,知道他是一个在读的研三学生,知道他所以成为这个样子的一些原因:从小父母离异、一路生计艰难、不敢跟陌生人说话、没有什么爱好……

于是,慢慢地,我同情并理解了他。

这样的例子有很多,有时候是不敢跟陌生人说话的女研究生,有时候是眼睛呆滞的博士生,有时候是面无表情的本科生(不是一时的面无表情,而是永恒的面无表情)。

这个时候,我都会感叹,读书读成这个样子,人生还有什么意义!

读书,不管你读了多少书,不管你的学历有多高,本质上,都是为了让生活变得更美好(无论是为了让自己生活更美好,还是为了让社会发展更美好)。这就相当于:不管你是修地铁,还是修高铁,都是为了让生活更美好一样。

但是我感觉他们把美好给读没了。因为表情和眼神呆滞,估计很难找到异性朋友;因为不敢跟陌生人说话,估计失去了很多朋友;因为没有什么兴趣爱好,估计会很寂寞孤独;因为性格无趣,估计会给以后的家庭带来凝重的气氛;因为内向压抑,估计会将这种性格传染给未来的子女,然后"赐予"子女一个"呆滞、孤僻、胆小、内向"的表情和性格,毕竟谁也不能否认家庭环境对子女的影响。

天哪！难道你自己还没受够表情呆滞、一脸死相、眼睛翻白、自卑胆小、孤独压抑的痛苦吗？为什么还要影响你的伴侣、父母、家庭甚至未来无辜的子女呢？

所以，我强烈建议：普天之下的读书人、考研人，不要为了读书和考试而将自己变成一台机器，要牢记读书、考研的基本目的：让生活变得更美好。除了死记硬背，除了应付考试，除了逻辑推理，除了数据模型，你的生活和未来的人生，应该还要有情趣情调、沟通表达、情商财商、花花草草、打打闹闹……

2. 善意没错，但愚蠢有错

我不反对考研，但是反对愚蠢地考研。

我听说有些学校提倡"全民考研"，因为学生就业前景不好，而考研率高的话，领导就会因为"有作为"而受到表彰。我听到这个消息，觉得蛮可惜的。因为考不考研，是因人而异、因专业而异的，并不是每个人都适合考研。而号召"全民考研"的愚蠢做法，明显违背了因材施教的原则，与号召整个动物世界都去爬树又有什么区别？

一位学生跟我说她要考研，我习惯性地问她为什么要考研。她说，因为她妈妈要她考，而且建议不管是什么专业、什么学校、什么地方，先考上了再说。我说这样万万不可，除非你是一个没有感觉的动物，丢在哪里、做什么都无所谓。但她说这是妈妈的意思，母命难违，这研是考定了！

其程度之坚定，犹如"山无陵，天地合，乃敢与君绝"之决绝。

我问她："你考虑过自己喜欢什么吗？未来要做什么吗？如果你读了一个自己不喜欢的专业，学了些没有用的东西，毕业找不到工作怎么办？"

她说:"我妈妈说,考上研就能找个好工作。"

我彻底无语了。信奉"我妈妈说"的人,你就没有自己的思想吗?或者,就真的甘心让上一辈过时的思想,来决定你的前途走向吗?

很多人都是被上一辈人的善意给害死的。上一代人也许吃了不识字的亏,也许吃了没文凭的亏,也许吃了没学历的亏,于是,他们希望在子女身上弥补自己的缺憾,希望他们能用高文凭、高学历砸出一个精彩的世界来。

殊不知,世易时移,高学历不一定有好工作,高文凭不一定有高薪水。我在招聘的时候,并不因为应聘者是硕士或博士就会对其刮目相看,我录不录用完全取决于应聘者能创造的价值。我相信大部分公司都不会要一个呆头呆脑、孤陋寡闻、没有创意、没有执行力、人际沟通能力不行、形象气质不佳的人。除了少数"拼爹"的单位还在看你的学历以外,真正有前途的企业决不会为你的高学历买单。

所以,很多上一辈人将其陈旧的观念注入到了下一代人的血管里。以前俗语说"没文化,真可怕",现在我要说"思想观念 out 真可怕"。

还有一件我亲耳听到的事情,也算是家长"毁人不倦"的经典了。某教授爸爸对刚进大学的儿子说:"在大学啥也别想,就像我这样,读完大学读硕士,读完硕士读博士,然后跟我一样,就成了教授了。你看,不是挺好吗?"

听完他儿子的转述,我觉得很悲哀:在你的专业领域教你的授也许还行,但谈到职业规划你真是一窍不通。你儿子不是你,你怎么就知道他喜欢学术研究呢?

这世界,大部分人给别人提建议,多半是站在自己的角度,"你看我就是这样过来的,你也可以这样";而不是站在对方的角度,先认真分析对方的价值观、性格、兴趣等个体情况再给出建议。

至此我才真正明白古话"术业有专攻"的含义了：你老师做专业学术厉害，并不意味着他做人生规划厉害；你爸爸教英语厉害，并不意味着他做生意厉害，就是这个意思。

这种低级的错误，在有些老师和家长的身上一再地重复着，残害着一个又一个的青春。经常有老师对学生说："你们不要乱想，不要乱蹦，安心读书，作死地考研，然后就有出息了。社会上的人都是坏蛋，不要听他们的。"

你能说这位老师黑心吗？他只不过是在用愚昧的方式来关心你。因为他一辈子活在学校里，按照学校的标准（或者说学术上的职业发展规律），要求学生考研考博，认为只有这样才有出路。殊不知，社会上的大部分岗位，是不需要考研考博的，是需要乱想乱蹦的；社会上的人也不都是坏人，学校里的人也不都是好人。

所以，听建议要听专家的客观建议，不要仅仅是听那些受益者的建议。考不考研，要听从自己内心的声音，要听从专家的意见，要做实地考察，要听取多方面的建议。因为很多人的经验之谈都避免不了行业局限性，比如高中有老师跟你说，只要你考上大学就什么都有了，结果你发现什么都没有。然后大学老师又跟你说，只要你考上研究生就什么都有了。这时候你就不要轻信了。孔子都说"不贰过"，你应该实地去调查一下，他们什么都有了吗？他们过得开心吗？

3. 清除考研的思想垃圾

很多人只要看到研究生，就会露出羡慕的眼光。很多人只要看到考研人，就会露出佩服的神情。其实，根据我的观察，只有少部分人是应该考研的，而且值得考研，这部分人约占考研大军的30%。其他70%的考研者，其实就是一帮没想明白的跟风者。

说他们是跟风者，是因为他们习惯了学校舒适的环境而逃避着社会，因为没有做好面对社会的准备，也没有足够的勇气，所以尽量拖延走向社会的时间。

说他们是"菜鸟"，是因为他们没有能力找到满意的工作。为什么同样是大学四年，别人就能找到好的工作，而偏偏你就找不到呢？你大学干什么去了？这样一个因为被社会淘汰而被迫去考研的人，不是"菜鸟"是什么？

说他们是迷失者，是因为很多人毕业时依然迷茫，不知道以后要干什么、能干什么，所以就寄希望于考研，希望通过三年的时间，化解迷茫，重新定位自己。

那些盲目考研的人，除了因为惯性使然、能力不足、目标不明之外，还有相当一部分是因为思想迂腐、观念陈旧（有些是先天遗传上一辈的思想垃圾，有些是自身产生的思想毒素）。

比如有人说："考研锻炼毅力，如果不考这么一次，我会后悔终生。"这种考研的理由真是贻笑大方。不考研就没法锻炼你的毅力了吗？如果考得越久毅力就越强，那考了二十多次科举都不中的穷酸秀才范进，岂不是"考研锻炼毅力论"的祖先了？用这种论调来安慰自己简直是自欺欺人。

比如有人说："我大学考得很烂，是个专科或者二本三本，所以我要通过考研（他们所谓的'二次高考'），考一个好的大学。"这种考研的理由，是出于畸形的自卑心理。这种人的自信，永远建立在别人的嘴上，而不是建立在自己的心里。

其他的考研理由比如："我女朋友要我考"，"我男朋友是硕士，我不考会很自卑"，"我身边的人都在考，所以我也要考"，这些理念支撑的考研者，简直就像安徒生童话里的那个新装皇帝。

总结起来，盲目考研的人身上有几个特点：

第一,有些是思想观念迂腐,坚信"学历改变命运",而不是"能力改变命运"。

第二,有些是目标不明确,把考研当目标。其实考研不是目标,考研只是手段,考研出来干什么才是目标。

第三,有些是能力低下,惧怕进入社会。不是因为热爱学术,而是因为找不到工作,所以寄希望于考研,希望通过几年的研究生学习重新培养出自己的竞争力。

4. 考研要弄清楚的几个概念

第一,考研不是改变命运的唯一出路。

很多大学生只要一谈到毕业出路,就异口同声地说"我要考研"。我一直奇怪,他们为什么不异口同声地说:我要创业,我要做销售,我要去学习一个具体技能,我要去增加行业经验,我要提高思想见识……

改变命运的方式千千万万,到他们这里却只剩考研一条路,不知是可怜还是可悲。

事实上,考研也未必能改变你的命运,社会上已经有太多研究生低薪就业的案例。2009年因贫困上吊自杀、闹得沸沸扬扬,还写下遗书"为什么读书不能改变命运"的女研究生杨元元就是个典型案例。还有很多读完硕士、博士后过得非常不如意,甚至徘徊在崩溃边缘的人,你了解过他们吗?

第二,考研是手段,而不是目标。

有的人觉得,只要考上研就万事大吉了。其实任何人考研都该扪心自问:为什么要考研?

如果不弄明白这个概念,估计很多人还会继续迷茫下去。在做软实力教育的这么多年里,我收到过很多研究生表露迷茫的邮件,几乎都在说:我不喜欢我的研究生专业,我度日如年,我不喜欢学术研究,我怎么就稀里糊涂地考上研究生了……

这些人的痛苦，都来自当年把考研当目标。而我一直主张的是，考研只是实现目标的手段和方式，它本身并不是人生目标或职业目标。在你考研之前，最好先想好你要通过它实现什么人生目标或职业目标。

这些情况，在本书的后半部分"来信问答"里再详细剖析。

5. 怎么确定自己要不要考研？

很多大学生，尤其是大一新生，在没有理由或者自认为有充足理由的情况下，就决定考研，并以考研自我标榜，他们以为别人会因此投来欣羡、崇拜、爱慕的目光，其实是很傻很天真。

考研之前，要看看所考专业的性质，有没有必要考研，比如市场营销，三年时间得来的研究生学历，也许没有本科毕业之后直接工作三年的市场经验更有竞争力。

考研之前，还要看看目标职位是不是一定要研究生学历，是不是没有研究生学历就不可能获得那个职位。如果确定，那就考；如果不一定，那就可以不用考。比如你非常喜欢做大学老师或者去医院做医生，那没什么说的，一路考到底，只要你喜欢。但比如你的目标职位是做记者，你可以去查查看看，有多少记者是研究生出身的，研究生学历是不是记者这个职位的充分必要条件。

考研之前，要看看自己的价值观、性格、兴趣和家庭情况，适不适合考研。考研就意味着做学术，其实很多人并不适合做学术。比如我就是一个喜欢挑战和冒险、喜欢交往而创意丰富的人，如果让我坐在一个阴暗的角落里慢条斯理地翻阅一堆发黄的书刊，或者对着冰冷的仪器做实验，我一定会疯掉的。

苏格拉底早就说过，认识你自己。但"认识你自己"不是一件容易的事情，需要很多的尝试。有些人活了一辈子也不知道自己是个什么样的人，需要什么样的生活（关于如何认识自己，本书另有相关专题）。

最后，如果你实在弄不明白要不要考研，那就去自己想考的学校和专业的课堂上听听课，与导师们、在读学长学姐们沟通沟通、交流交流，看看他们的生活状态是不是你想要的，看看他们的事业价值是不是你真正喜欢的，基本上就能够确定下来。如果你再与从这个专业毕业且工作了一段时间的那些人沟通沟通、交流交流，你就基本大彻大悟了。

2009年我在博客里发表过一篇文章《考研谬论》可以参考：

谬论一：老师都对我们说，到了大四，考研是你们每个人都要试试的。工作以后，就不能像在学校这样定下心来学习了，你拿到那文凭到社会上做什么事都好做，做什么人都好做。

我的回复：

谁说"每个人都要试试"？很多人的性格和专业都不适合考研；

谁说"毕业后没法定心学习"？工作后更需要学习，这么说就是没有终生学习的观念；

谁说"拿到那文凭什么事情都好做"？那只能说，在某些单位受欢迎。但是你忽略了"拿到那文凭"这个过程，也同时损失掉了几年的工作时间，这就是机会成本。

谬论二：研究生一定要读，而且，读了研究生，女朋友都会好找些。

我的回复：

这样说话的人，简直没有一点思想。除了少数单纯的女生会看重你的学历以外，很多女生似乎更在乎研究生学历以外的东西，比如经济基础、事业高度、人格魅力、性格志趣，等等。我就见过很多读研把女朋友读跑了的例子。

谬论三：各类考研辅导班纷纷来做讲座，一位教授来讲座说，男生最好一气呵成，读到博士，那时29岁的样子，再工作、结婚也不迟。

我的回复：

该教授说的话只适合某些人，因为该教授是以自己的经验为出发点给出建议的，并没有具体分析过受众个体的具体情况。事实是，很多人并不喜欢、也不擅长像他那样做学术搞科研，且各行各业对人才标准的要求是不一样的，有些岗位看重学历，有些岗位更在乎工作经验，等等。

要不要考研，要依据个人的目标、专业、价值观、性格、兴趣而定。

一个人在听取别人建议的时候，应该明白其立场与自己有何不同。小学语文有一篇寓言故事叫《小马过河》：当小马困惑自己该不该过河时，牛伯伯给出的建议是"过吧，才到我脚踝"，而松鼠给出的建议是"你想死啊？我朋友昨天就被淹死了。"

牛伯伯和小松鼠给的建议为什么会相反呢？

站在他们的角度和立场来想，就很容易明白了：牛伯伯身体高，所以对于它来说，河水很浅；松鼠个头很小，所以对于它来说，河水很深。

我们在社会上也是一样：遇到问题时，总有不同的人给出不同的建议，甚至有些建议是截然相反的。那么我们该听谁的建议呢？这取决于你更想成为谁、更想走谁的路。如果你想成为教授，那就听教授的；如果你想成为企业家，那就听企业家的。你总不能想成为教授，而去听一个企业家的建议吧？这就相当于你想成为一个铁匠，结果听了豆腐西施的建议，一样会完蛋。

这个世界，看过寓言的人很多，懂得运用的人却很少。

谬论四：大学生太多了，找工作太难，所以我要考研究生。

我的回复：

你作为大学生找不到工作，根本原因是你不够优秀。读研也是如此，并不是你考了研究生再就业就不难了。一个人如果不是靠增强能力来胜出，而是打算靠高学历来淘汰对手，那就像在胸口挂十支钢笔来标榜自己有知识一样，不仅可笑，而且徒劳。

（二）我要不要学英语？

在这样一个时代，只要是上过学的人都学过英语。在很多"英语癫狂症"患者看来，好像没学好英语人生就不完整、青春就白活一样。虽然大部分人学了英语都没用上，但很多人无视这个事实，依然前仆后继地蒙着脑袋往前冲。

1. 不要跟四六级同归于尽

因为工作需要，我经常与大学生交流。每每问及他们的大学规划，他们都会激情四射地告诉我，他们的大学规划是：大二过四级，大三过六级，大四考研。然后用充满希望的眼神看着我，等待我表扬他们的"宏图大志"。一般情况下，我都不忍心去打击他们的激情。但很多时候，我还是会忍不住告诉他们："这是有问题的。"

大学要做的事情何其多！大学要提高的能力何其多！为什么本应该丰富多彩的大学生涯，到了你这里，只剩下了"四六级和考研"？

就算你拼了老命把四六级过了，你就觉得很光荣了吗？然后你心满意足地拿着这个四六级证书去找工作，你以为老板一看到你的四六级证就两眼放光地说："哇，Genius，太棒了，四六级都被你过了，来吧，我们要的就是你！"

人家要你干什么？从数量上来讲，四六级满街一抓一大把，你就凭这个"核心竞争力"去找工作？从质量上来讲，大部分通过四六级者都属于哑巴英语患者，听到"Thank you"的条件反射就是"No thank you"。

我在招聘时，有人会提及他的英语还不错，我一般会问："怎么个不错法？"结果他说，我英语过了四六级。"英语过了四六级可能不够，"我说，"你能做翻译吗？我这里需要一个翻译岗。哦，你应聘的是市场营销，可是，你的营销策划能力没有体现出来，这才是这个岗位的核心竞争力。"

可是，依然有很多人把大学四年的大部分时间都用来背词做题，每学期少则花一两个月，多则花四五个月。为了四六级，挂了一次又一次，愈挫愈勇。有很多人从大一考到大四也没过，直接跟四六级同归于尽！

在毕业"弥留之际"才发现，还有很多更有营养的书没有看、很多专业知识没有学、很多活动没有参加、很多创业想法没有尝试、很多经验没有积累、很多人没有认识、很多性格没有转变、很多恋爱没有谈……于是慨叹：是这个杀千刀的四六级霸占了我的青春！

2. 对于某些人来说，英语就是鸡肋

几年前我做过一次讲座，主题是"跟迷茫说再见：大学生常犯的五种错误"。离演讲开始还有十来分钟的时间，我在礼堂外晃悠。在一个教室门口，我看到一个女生在那里念经式地背一本四级单词书。

我问："你要参加四级考试吗？"

"不，"她骄傲地说，"我已经过了四级了。"

"那你为什么要背四级单词而不去礼堂听那个讲座呢？"我指了指旁边的讲座大厅。

"因为有些单词我快要忘记了，所以要背背。"

我问："假如你这次背了，下次又忘记了怎么办？"

她久久无语……

我很惋惜。因为，她明明看见这个讲座的主题，却依然觉得背两个小时的单词，比更新两个小时的思想更重要，依然觉得"一切都是浮云，单词才是王道"。如果是我，我会毫不犹豫地去听两个小时的大学规划讲座，这也许会让我少走很多弯路。而单词，什么时候都可以背。

我更惋惜的是，她未必会明白我的意思：在你没有机会经常使用这些单词进行交流的情况下，这些单词会被经常性地遗忘，这是很正常的事情。但如果你想不忘记这些单词而经常去背背，那又是非常愚蠢的，因为你把大量的时间浪费在"食之无味，弃之可惜"的鸡肋上了。

3. 别幼稚地告诉我，你学英语只是为了说英语的骄傲感

经常有人很"大气"地告诉我，说他学英语，是为了了解西方文化。我听了觉得可笑，现在资讯这么发达，你不学英语，就没法了解西方文化了吗？我不否认会英语可以更直观地阅读英文书刊或收看英语新闻，但是对于一个非专业工作者，了解西方文化比生存吃饭更重要吗？

还有人告诉我，说她上次和老外聊天了，她很喜欢用英语和老外聊天的感觉，于是她决定要努力学英语了。我听了之后只有一个感觉：很傻很天真。原因跟上面一样，我觉得如果一个人在毕业后连找工作都成问题、生存都不能保证的情况下，谈什么跟老外交流获得成就感呢？如果你出去和老外聊天很有成就感，但回家发现没米下锅，还会有成就感吗？

有人跟我说，她要好好学英语，方便以后去英语国家旅游。我听了更觉得有意思：说得现实一点，其实在很大程度上，决定你能否去西方旅游的关键因素，不是你会不会英语，而是你有没有时间、有没有钱（当然如果你打算像唐僧一样穷游，另当别论）。所以，如果没有抓住并解决主要矛盾，也许你永远去不了英语国家旅游。

4. 别把英语当"救命稻草"

曾经，一个30多岁的司机问我怎么学好英语。我觉得很纳闷，你是做司机的，为什么突然想到要学英语了？他告诉我，他想换工作，因为年纪大了，上有老下有小，家庭压力也大了，司机工作收入明显不够了。

于是我问他："你想用英语找什么工作？"他说不知道。

我再问他："你当年学过的英语是不是忘记得差不多了？如果要拾起来，并且将其练到'能找到工作'的程度，是不是需要很久的时间？"他说是。

我说："现在很多学英语的大学生都没找到像样的工作，您这么老胳膊老腿的，怎么去和他们竞争？"他说不知道。

我说："那你没必要学英语。至少要先瞄准了什么工作，再决定要不要学英语。"

无独有偶，一个刚毕业一年的职场白领找到我，问"怎么学好英语"。我很好奇地问她为什么要学英语，结果她说她想找一份新工作。

我顿时无语。

我很奇怪这些人的逻辑，为什么要把英语当"救命稻草"呢？为什么觉得学了英语就能找到好工作呢？中国那些大学生、研究生、博士生，哪个没学过英语，他们都找到好工作了吗？

5. "英语癫狂症"的根源

我喜欢用"癫狂症"而不是"疯狂症"来形容那些不适合学英语的人。这些人一旦没事干就去找英语填补无聊，一旦遇到危机就把英语当"救命稻草"。

为什么这么多人患了"英语癫狂症"？很大程度上是因为目前四级的强制性。刚入学，学长学姐们就给你煞有介事地介绍他们"过四级的成功经验"。于是在很早的时候,你的脑海里就有一个神圣的信条:"杀过四六级以扬你快要凋零的自信。"每年气氛隆重的四六级大考平添了神圣的光环,而那些考过四六级者得意扬扬的嘴脸,让你更觉得四六级是如此的重要,以至于你不过掉它就誓不为人了。

为什么这么多人患了"英语癫狂症"?还有各大英语培训机构在煽风点火。听完一场英语讲座,听说学了英语的,不仅更容易找工作,而且月薪都要高好几千。于是思维幼稚、见识短浅的人,就会热血沸腾、头脑发胀地认为,英语是如此重要,以至于感觉没有英语的人生是不完整的。

为什么这么多人患了"英语癫狂症"?还有一个原因是无聊。无聊就会空虚,空虚就会寂寞,寂寞就要打发时间,打发时间就会找点事做,而学英语是"最普遍的事",也是看起来"有用的事"。于是,可怜的英语成了寂寞和迷茫的发泄工具。那些寂寞的人喊完英语回来,感觉"很充实"。然后带着那些尚在寂寞中的人一起去"充实",于是,英语就真的"充实"起来了。

为什么这么多人患了"英语癫狂症"?还有一个原因,the last but not the least,就是跟风的人太多了。在这个世界上,有思想的人就那么多,大部分人都是跟风的。这点,从抄求职简历模板就看得出来,从写课程设计也看得出来,据说如果没拿到上一级学长的设计模板,很多人是无从下手的。因为跟风,我见过有些学中国先秦文学的人花了 80% 的时间去学英语,学数学的人花了 60% 的时间去学英语。

6. 你为什么老学不好英语?

一个奇怪的现象:在上一代人里面,出现了很多英语大师,尽管那时候除了一本发黄的教材,其他什么都没有。而今天,辅导机构不胜枚举,辅导资料不计其数,但还是有很多人学不好英语。于是,这个问题,真成了一个问题。

很多人问我:"为什么从小到大,我学了八九年英语都没有学好?"

我说,没学好英语的原因有很多,比如兴趣、天赋、学习的条件、投入的时间,等等,但有一条关键原因,是因为你目标不明确。

因为你是看见别人在学英语所以才学英语,怎么可能学好?

因为你是隐约感觉学英语是有好处的,却说不出它的确切好处,你怎么可能学好英语?

这就相当于,我要你一天之内背完100个单词,尽管你知道它有好处,但你未必能背完。

同理,我要你半年之内学好口语,尽管你知道它有好处,但你未必学得好。

但如果你目标明确,情况就不一样了。

如果我要你一天之内背完100个单词,背完之后就奖励你1万元,你能背完吗?

老实地讲,大部分人都是能背完的,因为你的目标太明确了。

还有一个朋友跟我举了一个"大学生为什么学不好英语"的例子:如果要你一天之内背完100个单词,背不完就把你枪毙了,你能背完吗?——"不被枪毙"就是一个明确的目标。

为什么很多人学不好英语?除了天赋、兴趣、学习条件等原因,很多人根本就不知道自己为什么要学英语,他们只有一个隐约的、朴素的、近乎可爱的信念:学了总是有好处的。至于好处在哪里,他们是不知道的。

其实,每个人学英语的目的是不一样的,但盲目跟风一定是愚蠢的。

比如有人是为了出国学英语,有人是为了考研学英语,有人是为了应付四六级而学英语,有人是因为专业需要而学英语,有人是为了要靠英语谋生而学英语。

目的不同,学习英语的侧重点就不一样,学习的方式方法也会有所区别,投入的时间和精力就更不一样了。

因为很多人没有学英语的具体目的，也不明白自己未来究竟需要什么核心竞争力，所以经常发生的情况是：很多人考完四级考六级，考完六级考八级（如果允许的情况下），考完八级还想考"十二级"（如果有的话）。他们是不会问为什么的，他们也不会问自己的真实需要，他们只会惯性地考，考到没有级别可考为止。

这个逻辑，还可以用这样一个现象来证明：很多人读完本科考硕士，考完硕士考博士，考完博士考"烈士"（如果还有这么一个学位的话）。他们是不会问为什么的，他们也不会考虑自己是否需要，他们只会惯性地考，一直考到没的考为止。

7. 学英语的真正逻辑

建议各位在学英语之前，衡量一下英语在你生命中的重要性，然后再决定要花多少时间在英语上。

如果毕业后打算做英语老师，那你肯定要穷尽所有精力，听说读写全面精通。

如果你打算毕业后去高中教语文，也许英语不是那么重要。

如果你毕业之后打算创业，那么大学期间市场营销知识的学习、团队管理知识的领悟、创业经验的积累、人脉资源的累积、商业思维的锤炼，比英语要重要一万倍。

8. 送给英语学习者的话

第一，学英语光会说日常会话是没有太多用处的。

一定要和某个领域和专业结合起来才有用。有些学生说想去外企，所以他拼命地学英语。其实，就算你英语学好了也未必去得了外企。英语只是去外企的必要条件，而非充分条件。去外企做外贸需要有外贸知识，"外贸知识"就是那个"要结合的东西"。

推而广之，做翻译的也要懂某些专业知识，教考试英语的也要懂某些考试规律。如果只要英语好就能办好事，那外企为什么不直接用外国人替代中国人呢？

第二，在正确的时空里，做效益最大的事。

我见过很多学生，从小学到初中到高中到大学，花了十多年学英语，也没学出过什么名堂。而我的一个朋友，大学英语四级都过不了，不过他在大学毕业时创办了一家小公司，几年赚了五十万，然后专门去美国学了一年回来，口语比谁都地道。你能从这个案例中获得什么启示呢？

第三，不要一时冲动学英语。

中国大学生都在学英语，但说实话，大部分人将来的工作跟英语没关系，工作之后英语很快就废掉了，简而言之，就是这么多年的时间和精力都白费了。所以，完全没有必要见到老外就受刺激，你必须搞清楚"短暂的刺激"和"长久的饭碗"之间的关系。"不必因见到老外受刺激而学英语"，就相当于"不必因见到人家的老婆漂亮，就回家休妻"。

第四，如果你实在不知道自己要不要学英语怎么办？

如果你不确定英语对自己的重要性，当务之急，是拓宽知识面、扩大眼界和见闻，去找自己的兴趣和职业定位，而不是一开始就争先恐后地跳进河里。当然，对于实在无聊的人，学英语确实是"有好处的"。

英语是应用最广泛的交流工具。我不反对学英语，但是反对盲目学英语，每个人都应该根据自身的情况（专业、兴趣、天赋、职业定位等）确定英语之于自己的重要程度。另外，一个人，除了要学习一点技能，还要学会思考，这样才不会迷茫，才不会走弯路。

（三）什么是"死努力"？

我相信大家都见过这么一类人：很努力，但是从来不优秀。不仅如此，甚至自身问题越积越多，前途也可能比别人更差。这一类人就是我称为"死努力"的人。

"死努力"有很多表现，比如"高考后遗症""英语癫狂症""考研盲目症"等。

1. "高考后遗症"

这类很努力但并不优秀的人，部分就是患有"高考后遗症"的人。所谓的"高考后遗症"，就是按照上高中的方式来上大学。这类人不应该叫大学生，应该叫"高四生""高五生"，因为他们的学习生活模式就是高中的延续。这不是"继承优良传统"，而是不知"与时俱进"。因为高中的目标和大学的目标不一样，而且性质、使命、阶段性都不一样，就注定了两者的过法一定不一样。如果你要按照高中的方式来上大学，结果只有一个：很努力，却一定是死翘翘！

"高考后遗症"表现之一：自习越多，问题积累越多。

我见过很多大学生，原本就非常内向、自卑，朋友少，人际关系也不怎么样，但他们还是要疯狂地自习。原因大抵有这几个方面：

第一，想改变这种现状。

但事实上，他们不仅改变不了现状，反而会越来越内向、自卑。为什么？自习虽然是件好事，但内向、自卑、人际关系不好等问题，不是自习能改变的。他们的错误在于思想观念上的迂腐，认为自习能够改变一切。其实自习只是努力的方式之一，而针对不同的目标所采用的努力方式是不一样的，你不能拿自习来解决一切问题。一个人努力方式错了，就跟南辕北辙一样，效果只会相反。

所以我经常说，兄弟，光努力是不够的，要会努力才行。

第二，为了"扬长避短"。

扬长避短这个词语本来是没错的，但有些"短"是不能避的。比如你的内向、自卑和人际关系很烂，就算你可以在自习室躲过大学几年，毕业后还是要和别人打交道的，还是要参加各种活动和竞争的，那时候"年老色衰，气血不足"，只会过得更惨。

所以，扬长避短这个词语，是要辩证来看的。有些"短"可以避，有些"短"是要正视和面对的。

第三，为了重塑自信。

很多人到了大学，发现自己当年引以为傲的成绩再也成不了骄傲的资本，因为在同一个档次的学校，彼此成绩也差不多，那种"尖子生"的优越感荡然无存。于是很多人因此失去了自信的基础。

以成绩作为自信基础，是很多人多年来的惯性。所以，这些人依然延续高中的学习方式，拼了老命地背书、自习、抄笔记。这样拼的结果，就算成绩拼了上去，也不过得到千儿八百元的奖学金，自信却未必能够建立起来。因为很多人在其他方面也取得了成就：有人创业成功了，有人比赛晋级了，有人提前找到工作了，有人做干部做得风生水起……

于是，很多人始终没有建立起自信。根本原因，是价值观多元化了，评价标准不统一了。在高中，同学可能无一例外地会羡慕成绩好的人。但在大学，即便你成绩好，其他人也未必羡慕，他们可能更羡慕多才多艺、组织活动能力强、思想很深刻、特别能折腾的人，等等。

说明：自习是学习的重要方式之一，它的意义和重要性是毋庸置疑的。之所以说自习是"高考后遗症"之一，是针对那些过度自习的人来说的。因为确实有这么一部分人，经过高中三年的死读之后，变得像呆瓜一样，不会说话，不会沟通，不会做人，不会才艺，只会背书和做题。对于他们来说，当务之急是如何改变性格，提高人际沟通能力等软实力，而不是盲目自习。

"高考后遗症"表现之二：为了奖学金，不顾自己的真正兴趣。

很多大学生明明不喜欢自己的专业，却为了奖学金在那里拼命，这是一件很悲哀的事情。因为在一个你不感兴趣的领域里，不仅难以取得建树，而且不会快乐。为了奖学金而死记硬背是非常短视的行为。

很多学生对于学校考试深有同感：考前突击猛背一周，考后一天忘得精光，感觉啥也没学到。我在想，你为什么不把时间用来发展你的兴趣和特长，用来增长一些实在的能力呢？为了现在那点眼屎大的奖学金，而牺牲了未来的无限可能性，值吗？

很多人在大学没有学会思考，仅仅学会了背书，结果分数越高，整个人变得越呆。从另外一个角度讲，高中拼分数那是体制的需要，不拼分数就上不了大学。可是你在大学干吗要拼分数呢？你看见哪一家用人单位是按分数高低来招人的？谁说分数越高他未来的工作就越好？还是那句话，兄弟，光努力是不够的，要会努力才行！

说明：这段话是写给那些本来不喜欢专业，但为分数和奖金而奋斗的人的。对于那些热爱专业和学习的人来说，只要是真实的高分成绩，都可能意味着学习态度端正和专业功底扎实。拜托你，对我的话不要断章取义。

"高考后遗症"表现之三：循规蹈矩，不会安排自己。

校园里总有这么一小撮大学生，他们是标准的"三好学生"，上课从不迟到，从不早退，也不逃课，一节课也不会落下。从学校的角度来讲，这样的学生确实是好学生。从社会的角度来看，那就未必了。

社会和学校评价人的标准是不一样的，好学生和好员工的定义也是两码事。

对于学校来说，只要听话、不闹事、好管理、不逃课、肯读书，你就是个好学生。对于社会来说，企业要的不是你听课、背书、抄笔记，不是准时上下班，他们更需要的是一个有担当、有胆识、会创新、能创造价值的好员工。

仅仅按照学校标准来要求自己是不够的。一个有出息的人，从入学开始，就要按照社会的标准来要求自己，看看社会上优秀的人具备的素质和能力，并以之为榜样。

为什么要按社会的标准来要求自己？因为除了极少数人将会在学校当老师外，大部分人在大学的时间和生涯都是有限的，他们的大部分生命都将在社会上度过，当然要按社会的标准来要求自己。

还有一部分学生一直习惯"被安排"：被父母安排上学，被老师安排上课，被学校安排放假，他们从来就不曾也不会主动安排自己的生活，所以，很多人上课就感觉很"充实"，下课之后就茫然得像无头苍蝇一样没事干，这样的人怎么会有出息呢？

一个真正有出息的人，不会让自己被学校的课表给"安排"了，而是将学校的课表和课程纳入自己的"发展规划"。假如自己发展规划中有98个需要完善和提高的方面，而课程和课表只提供了45个，那么你就要寻找其他的方式来完善自己——不管是参加校外培训，还是兼职实习，还是与社会人士交流交往，抑或是其他方式，而不是像现在大部分学生那样，机械地死守在教室里。

其实，一个对学业真正感兴趣的人，是绝不会满足于每堂课听老师所讲的那点东西的，也不会一门课程一本教材学一年，更不用考前让老师来圈重点。而是在一个星期之内，差不多就把教材看完了，然后几个月之内，就把与教材相关的书籍看了十来本，这才叫真正的学习和兴趣。毕竟，你不再是小学生，一本教材需要老师教一页，你才往后翻一页，一本书需要一学期才能翻到最后一页。

以上三种"高考后遗症",在有些颓废的环境中,算是相对值得肯定的一类了。起码他们在努力、在奋斗,只不过因为自我认识上的局限性、见识上的孤陋寡闻、思想观念上的落后陈旧,导致努力方式不正确罢了。

这就像有些人得的是肝炎,吃的却是治肾炎的药,药不对症。

2. 忽悠老师,是对自己不负责任

我去过很多学校做讲座,也见过很多大家都认为正常不过而我认为是畸形的现象。

现在上课有一个普遍现象是,先到教室的同学坐最后一排,后来的人没办法只能坐倒数第二排,最后进教室的人老大不情愿地在前面几排就座。

这简直是一大奇观。偌大的教室,最前面几排是空的,好像老师是会吃人的老虎一样。

而坐在后面的学生,要么睡觉,要么玩手机。尤其是近些年智能手机普及开来,一部手机几乎可以满足每个人聊天、看剧、看小说、玩游戏等所有兴趣。

当然,很多人也有足够的理由:昨晚游戏,身体疲劳;前天失恋,元气未复;课程没用,讲得枯燥……

但毫无疑问,大学生作为一个成年人,上课时用玩手机的方式来应付、"忽悠"老师,是一种幼稚,也是对自己的不负责任。因为,迷茫不是颓废的理由,不喜欢专业不是颓废的理由,课程讲得枯燥不是颓废的理由,这些你都可以主动想办法解决。你迷茫,你主动读过大学规划方面的书吗?你不喜欢目前的专业,你主动看过其他专业的书吗?课程讲得枯燥,你提前把书看完过吗?能提出几个与老师交流或商榷的话题吗?

3. 大学生的第一课，也许是要学会学习

我一直觉得，会学习，比背知识更重要。

但现实情况是，多年的应试教育，让很多人变得不知道怎么学习，俨然一台考试机器。

有一个大三的学长，去大二的寝室推销书籍。

大二的学弟问："这书是考试要用的吗？"

大三学长说："不是，是拓宽知识面的。"

大二学弟满脸鄙夷地说："切，那我才不要呢，没什么用。"

悲哀吧？不考试的书，很多人是不会看的。这是为什么很多人眼界见识很窄、思辨力很弱的原因之一，甚至也是他们迷茫和找不到自己兴趣的原因之一。

有一次，我在肯德基用餐，旁边一个女生在做数学题，我觉得很有意思，竟然有人在肯德基做数学题，于是问她："你大几了？"她说大二，我说："你真的很用功哦，都在肯德基做数学题。"她说："不是用功，是因为我在肯德基兼职，在空闲的时候做做题。"

我问她："这个作业要求很急吧？"

她说："不是。是因为有时候闲着没事干，时间就浪费了。"

我原本以为这是一次无聊的对话，不过听到这句话的时候，我就兴奋起来：竟然有人在兼职的地方做数学题。因为如果是我在肯德基实习的话，除了做兼职工作，我会去学习这家公司的历史、管理流程、销售方式、产品组合、店面装修，等等，而她竟然单纯地只为了这每小时 6.5 元的工作而工作。最后，她竟然还以为自己很勤奋，会争分夺秒地做数学题。

然后我问了她一个问题："你为什么要做这些数学题呢？"她说："不

知道，我们老师让我们做的。"我继续追问："那做了有什么好处呢？"这时候，也许她嫌我有点啰唆，于是不耐烦地说："我可以教别人做数学题啊！"

我当时语塞：这是大学生应该有的思维吗？一个人做题的理由竟然是：因为老师要求做，因为可以教别人做。

一个人，到社会上兼职或实习，但依然只会从课本上学东西，这种社会学习能力的缺失，还不够严重吗？

不会学习还有很多表现。几年前，我曾见过这么一个学生，简直就是一个"考证狂人"：只要是证书，不管什么证，他都要去考。只要他听说过，或者见别人在考，他就按捺不住内心的冲动。在他看来，除考证考级外，其他一切事情都是"浮云"。他的专业是会计，却考了 BEC、TOEFL、GRE、口译资格证、教师资格证，甚至还考了导游证。

我问他："为什么要考导游证？"

他说："考了导游证，去旅游景点时能半价，而且景点的小商小贩不会宰你。"

我说："你不知道现在政策改了吗？考了导游证后还必须定期年检，而且必须从业于一个导游公司才能享受景点的半价优惠。"

他一脸吃惊的表情："啊，这个变化我不知道哇！"

我觉得很奇怪，一个人考导游证的初衷，竟然是"旅游半价不挨宰"，这和有些人考导游证是为了"看世界"有什么区别？这都是严重缺乏思维能力的表现。决定你能否看世界的关键因素，是你有没有钱和有没有心情。决定你不挨宰的关键因素，是你具备基本的社会经验和思辨能力，如果懂点商业知识，那就更为透彻。

一个人如果缺乏眼界和格局，考再多的证也不会有太大出息。

4. "烂学校"的人用什么来证明自己？

其实，我并不认为有什么学校是"烂学校"，也不认为什么学校是好得不得了的学校。学校确实有档次之分，但一个人的成就大小更多取决于自己的长期努力。因为事实证明，很多人眼里的"烂学校"也出了很多人才，而好学校也出了很多庸才。

但偏偏有相当一些人认为自己的学校"很烂"。根据他们的说法，具体"烂"在：学校是专科、学校是二本三本、学校师资不行、学校校舍不行、学校环境不行、同学素质不行、学校氛围不行、校址太偏，等等。

虽然我在各种讲座上，一再跟他们讲，所在大学不好，并不能说明你未来一定不好。所在大学的档次，只能说明你高中的努力程度不够，或者你高考时状态不好。总之就是，所在学校的好坏，只能说明你的过去，不能说明你的未来。

尽管我如此这般、苦口婆心地要解除他们的心病，但依然有很多人始终"无法释怀"。他们坚持认为自己前途渺茫，坚持认为自己是"三等残废"，在他们那些高考考得好、录取大学还不错的同学面前"抬不起头"来。

哀莫大于心死！如果你真的因为这所烂大学而对人生"绝望"了，我相信你这辈子就真的无望了。因为你已经把大学当成了你的终点，因为你已经把20岁的年龄定位到"行将就木"。

于是，带着这种"学历自卑症"（或"学校自卑症"），他们要么开始放弃自己，随波逐流，颓废堕落；要么开始漫长的考研之旅，他们坚信考研可以改变他们的出身；有些专科生会开始他们的"升本"之旅，坚信本科可以改变他们的命运。

我只能说，他们证明自己的方式太狭隘了。

我认为，人生就是一场马拉松比赛，刚开始谁跑在前面并不重要。大学只是一个奋斗的起点，20岁时人生的翅膀还没有完全展开。

如果是我，我会用能力来证明自己。

有人说，我没有学历，门都没有，怎么证明自己？

是的，在某些地方，比如体制内的岗位，没有一定的学历，连报考资格都没有。但在更多地方，体制外的岗位，学历也许并不是不可逾越的障碍。例如，当别人拿着学历求职时，你能否拿出一个方案？当别人拿着证书求职时，你能否直接拿出业绩，或直接带来一个团队？

如果你跟我说："我给你们搞定了一个两千万大单的客户，能给我一个销售岗位吗？"我是会给你的，我相信大部分公司也会给你这个机会。

如果你跟我说："我有一个方案，能让你产品多卖出一倍。能给我一个策划岗吗？"在我看过之后，如果大体能行，我是会给你这个机会的。我相信大部分公司也会。

上年，一个专科生很想加入我们"软实力"，但履历并不精彩。半年后，他带了一个二十人的团队，还有几十万的业绩来应聘，我立即聘用了他。很简单，他已经证明了自己的组织领导力。

所以，患有"学历自卑症"的兄弟们，除了拼学历这种硬实力，其实你还有一条路，就是用软实力来证明自己：你能行！

软实力是什么？人际沟通能力、销售能力、策划能力、组织领导能力，等等。为什么你不承认这是一种能力呢？

当然，如果连证明自己能力的方法都想不出来，OK，放弃吧，你应该不算是一个实力派人才。

总结以上的经验，不难得出这样的结论：大学的努力方式与高中相比应该是有区别的，人生阶段不同、目标不同，努力方式也应该不同。如果完全按照高中死读的方式来上大学，势必会"完蛋"。高中阶段的所有付出，只不过换了一张进入大学的通行证而已。至于你在大学会是什么德性，跟高中无关，因为它们是两个不同的评判体系；至于你在社会上会是什么德性，与你的大学也关系不大，因为它们也是两个不同的评判体系。

对于一个人的成长来说，除了大学文凭、各种证书、专业技能以外，还有另外一种能力，那就是百折不挠的性格品质、深刻强悍的思想见识，并且更加重要。这些东西，大学不会给你考试，但并不代表它们不重要。

（四）"被阉割了商业意识的人"

"被阉割了商业意识的人"这个说法，确实不是我发明的，而是社会上很多有识之士提出并正被广泛使用的，不过我也很喜欢这个说法，尤其是"阉割"这个词，让我觉得很生动、很形象、很快意。

当我看到原本单纯的大学生在钩心斗角地争取学校那几百、几千元奖学金的时候，当我看到成千上万的人为争取"铁饭碗"争得头破血流的时候，当我看见很多大学生成为"家教狂"的时候，当我看见女研究生杨元元被穷死的时候，我心里无比感慨：这些"被阉割了商业意识的大学生"！

1. 你为什么这么穷？

有一次我在大学里听某企业总裁的演讲，结束后即将出门时，听见两个学生在议论刚才的演讲人。

一个学生问另外一个学生："你说这个演讲人是个老师还是个商人？"

我很奇怪：你为什么要将老师和商人分开呢？为什么老师就不能是商人，商人就不能是老师呢？张瑞敏、马云、杰克·韦尔奇、比尔·盖茨、查理·芒格等，他们既为自己创造了财富，也为社会创造了财富；既为社会提供了有价值的商品，又提供了众多的就业岗位，也留下了很多的知识、经验、精神和启示，为什么他们就不是好老师呢？

这只能说明你从来就没有学会学习，你也从来就没有向他们学习过。

不过这个不重要，重要的是，这个学生将这两个概念分开，体现了他骨子里面的东西：观念陈旧、思想out。根据他的逻辑，老师就不应该是商人，凡是有商业意识的老师都不是好老师，凡是不懂商业的老师才是好老师！

Oh my God！我终于明白你为什么这么穷了，因为从来就没人教你怎么生存！

我不主张读书是为了生存，我们确实应该为了理想而读书，为了祖国的强盛和人类社会的文明进步而读书。但是我依然觉得，读了这么多年书，就应该能够解决自己的生存问题。如果连自己都没法养活，还谈什么为国家做贡献呢？不增加国家的负担就是万幸了。

这里我又不得不说到杨元元（请原谅我一再拿你说事，虽然有很多大学生、硕士生、博士生以各种方式被穷死了，但我依然最了解你），虽然我自始至终认为她是一个伟大的女生（因为她有勇气从大一开始就把母亲带在身边生活），但我依然不得不说她缺乏商业意识：在生存都不能保证的情况下，还要去读什么研究生，结果在没法交住宿费、没钱给母亲租房等多重压力下，选择了在宿舍上吊。如果有点商业意识，她这种情况就应该努力赚钱，而不应该考研；要自己去创造财富，而不要寄希望于考研之后单位发钱；如果有点商业意识，在没钱租房的情况下，就应该出去兼职赚钱，而不是直接自尽。

套用马云的话来说就是，致富的原因千千万万，穷死的原因就那么几个，而"那么几个"中的一个，就是没有商业意识。

2. 除了奖学金，没有别的经济来源了吗？

有一类现象，也许大家都注意到了，就是每年到了评定奖学金的季节，总是有很多风波和怨恨产生。比如某些"活动型"同学成绩不怎么样,但擅长用证书和荣誉来填补,而那些被"证书和荣誉"挤下来的"考试型"同学则感觉不公平;再比如某某能力平平,但擅长溜须拍马,和老师、辅导员关系很好,自然就会挤掉原本属于你的奖学金。所以,种种原因,让原本和谐的同学关系,因为奖学金的评定而变得热闹起来。

还有一些人,为了那千儿八百元的奖学金,不得不去参加一些自己不喜欢的活动,不得不将自己的身世编织得坎坷曲折、"人见人哭",拼命地死记硬背那些自己看见都想吐的书本知识。

当然,对于一个学生来说,这千儿八百的银子,确实相当重要。但我依然觉得,只能用以上方式来获得,就显得很差劲。

为什么不直接去赚钱呢?为什么不去为创造财富而努力呢?为什么要为分配财富而撕咬呢?为什么要将商业意识变成"红眼病"呢?

我觉得,一个人若有真才实学而不是死记硬背,一个人若真善于将知识化为能力而不是盲目考级、考证或混日子拿文凭,即使还是一个学生,赚钱养活自己也不是特别难的事。

3. 鄙视赚钱的人有两种:虚伪和幼稚

一直以来,有人喜欢赚钱,有人鄙视赚钱。我读大学时,也会做点小创业,也经常被人讽刺,说我"掉到钱眼里去了"。于是,有那么一段时间,我认真反思自己是不是真的掉到钱眼里去了。结果我发现,鄙视赚钱的人有两种。

一种是虚伪的人。这种人其实骨子里很爱钱,并且到了他自己都不觉得自己爱的程度。比如一个穿着耐克鞋子的人,可能在鄙视一个拼命兼职以便赚取下个月生活费的人。这种人就是虚伪,因为他在衣食无忧的情况下,不理解别人的生存处境。这种人不是不爱钱,而是看不惯别人努力赚钱的样子。

一种是幼稚的人。有一个每月花掉三千元生活费的同学抱怨他爸爸,说他爸爸只顾赚钱（掉到钱眼里了），五一节没有遵守承诺到学校看自己。

因为幼稚，他们不知道自己的舒适生活需要经济的支撑。他们不知道自己之所以可以宅寝室、睡懒觉、玩游戏、逛街拍照购物团购做美容，是因为爸妈在外面赚钱。

一个人只要不太幼稚，就知道"北漂""深漂"的感觉，你知道住在地下室或五六个人挤着睡在一个五六平方米房间里的感觉吗？

你知道贫贱夫妻百事哀，世间有多少情侣吵架、恋人分手、夫妻离婚，是因为贫困吗？

以前我在大学曾亲眼见过一个又黑又瘦、胡子拉碴的农民爸爸，来到学校的迎新展台前，用极其不标准的普通话问招生老师："入学通知书上说这个专业只要3300元的学费，现在怎么要4600元了？"在听到工作人员各种"肯定而正当"的答复之后，这位农民爸爸失落地转过身，对女儿说："我们回去吧，原本是冲着这个专业便宜才选了它，但现在我们交不起学费了。"

我还曾在肿瘤医院门口见过很多癌症病人，因为缺乏数万元手术费而失声痛哭，最后为了避免给原本风雨飘摇的家庭雪上加霜，决定回乡下老家等死。

这类令人心碎的场景每时每刻都正在或可能在我们的生活里、在我们的亲人或素不相识的陌生人身上重复上演，你理解为什么有很多人在努力赚钱了吧！

4. 蠢蛋才会拒绝广告单

有一个现象，我觉得就是商业意识被阉割的直接表现，就是一些人对待广告单的态度。

当碰到发单员在街头发单时，大部分人都是一副爱理不理的样子，摆摆手，然后"很大爷"、很神气地走过去。还有一部分同学是接过传单走几步路之后，随手把传单塞进垃圾桶里。

有一次，因为看见有人发单，几个学生老远看见之后，就从马路的另一边猫着腰偷偷地绕过去。在远离发单员之后，长吁了一口气，然后彼此"会心一笑"——成功逃离发单员！

看到这个现象时，我觉得很可惜。

可惜是因为他们的商业意识被阉割得一干二净，或者说，他们还没学会怎么学习。

学习，不一定要坐在教室里，不一定要拿一本书看。会学习和善于学习的人，睁开眼睛、竖起耳朵都能学习。

我从初中开始，见到任何广告单，都会礼貌地接过来。有时候他没有给我，我都会跑上去说："您好，请问可以给我一张吗？谢谢！"

我为什么要接广告单？因为我要研究他们在做什么生意或项目、怎么做的、商业模式是什么、广告单设计得吸不吸引我眼球、广告词有没有新意、缺了哪个元素，等等，如果是我该如何做……

总之，通过一张广告单，我可以学到 N 多东西，以至于后来我创业时，虽然之前从没学过广告策划，但我写出来的广告词、设计出来的广告单，总是引发很多人的复制和剽窃。

学习是无处不在的，优秀的人自然有优秀的行为习惯。当然，如果你觉得广告单的信息量不够，那么你可以顺藤摸瓜去看他们的网站、去观摩他们的公司，进而和企业负责人交朋友，总之会学到很多东西。

商业意识，也是一种能力的体现。毕竟，我们都生活在商业社会而不是农业社会，我们的生活，甚至工作，都已经高度参与到商业当中了。这是一个不可回避的现象。

关于商业的一些具体论述以及贫困学生的问题，请参考本书后面的"来信问答"。

二、认识你和你所在的世界

> 我见识过这样一个学生会干部,每次搞活动,他都会想方设法地虚报账目,向学校多申请款项,或者从活动中多挤压那么一点余款,然后中饱私囊。虽然只有几十元上百元,但那种龌龊的行为极其令人恶心,这种人走向社会注定是一个蛀虫或者败类。

1. 那些未"断奶"的大学生

因为工作关系,我与大学生交往比较密切,对他们的问题也比较了解。当一个学生给我反映他们室友的某些幼稚表现时,我不禁感叹,现在未"断奶"的学生可真多!

她有一个室友,刚满20岁,在读大学的这两年里,每天都要给她妈妈打电话,而谈论的问题基本是"今天我要吃什么"之类,吃完之后交流的是今天的菜是咸了还是淡了。每天早上在宿舍换衣服,都要打电话不停地问她妈妈:"今天穿什么,这两个颜色搭不搭?"不仅生活上的事情问妈妈,其他方面也都问妈妈,比如"要不要参加学生会"。更让人受不了的是,她平时在与同学们交流时,每次开口的第一句必然是"我妈妈说",在班干部竞选会上她会说:"我妈妈说,要做好一个班长,就必须具备领导能力。"

"软实力"也遇到过一些类似的事情。一个学生来"软实力"报名参加商业思维课程,他因为听过"软实力"的很多讲座,对软实力是比较了解的,但为了保险起见,也为了有个参谋,他要在老家开快餐店的爸爸陪着。在前台咨询处,他爸爸怎么也弄不明白软实力是什么,就不断地问"有教材吗?有证书吗?要考试吗?"之类的问题。当天下午,前台咨询处专门腾出了一个人来解答他爸爸的疑惑。

当然,有疑问咨询是很正常的事情。我这里要说的是,某些学生存在过分依赖家长的心理。过分依赖必然导致独立思考能力、判断能力的缺失。而且,某些长辈的答案也不一定值得信赖,就比如这位开快餐店的老爸,他可能了解考研、考公务员、考英语,但未必了解软实力,因为"软实力"这个词在中国引起重视也就十来年的时间。

很多家长会因为观念的局限性,表现出"认死理"般的固执:

只要不是大学开设的正式课程,都是不必要的;只要不是国家发的证书,都是没用处的;只要是课外书,都是闲书;只要是在外面"折腾"(比如创业),就是"不好好读书"。

他们才不管自己的子女到底是学了四年的知识,还是用大学四年的时间和学费"买"了一个文凭,只要看到子女待在学校(不管是上课、睡觉、玩游戏还是谈恋爱),就觉得安心了。最后,只要看到子女毕业时拿到了"文凭"就觉得很自豪——因为文凭可以证明自己的孩子是大学生。其实,只有孩子自己知道,自己是大学生还是"瞎混生"!

中国有句古话叫"术业有专攻",意思就是长辈不一定比晚辈懂得多,老人不一定就比年轻人聪明,一个人在那个行业很厉害并不代表他在这个行业也很厉害。就比如刚才那位学生给她妈妈打电话咨询"要不要参加学生会",这个"参考答案"就未必正确,因为她妈妈未必是学生会"混"出来的。

曾经看过一档电视节目，说的是现代人心理年龄偏小的问题。节目里有一个26岁的年轻人，心理年龄测试竟然只有9岁，他在录制节目时竟然只会呀呀地嘟囔着找他妈妈要棒棒糖吃。据他妈妈说，儿子从小就爱待在家里玩游戏，从来不愿见陌生人，也不喜欢读书，每天的饭菜都要妈妈送到手边。

看完这个节目，我深有感触：与其说是儿子有病，还不如说他妈妈有病，因为她根本就不会教育孩子。我在想，很多人虽然在生理上做了父母，但严重缺乏做父母的基本知识。

那些被父母废掉了思维能力和自立能力的人，不仅表现出过分依赖的倾向，还表现出优柔寡断的性格和盲目跟风的心理。我的助理说过这样一件事情：室友小美和芳芳约好第二天上午一起去上课，小美因为有急事就先去了。芳芳发现小美没等自己之后，就觉得自己被抛弃了，忍不住伤心欲绝、痛哭流涕，那样子就像丢了亲娘一样。

在现在这样一个网络发达而现实交流充满障碍的社会里，很多人越来越缺乏独立意识。比如上课，他们一定要结伴一起去；比如自习，他们一定要搭帮凑一堆；即使是上厕所，也要手拉手互相陪着，不然宁可憋死也不去。

我一直注意到一个有趣的现象，那就是大学生对于周末、节假日和寒暑假的处理方式。

一些大学生每到周末就要回家，哪怕只有两天的时间，来回各占半天，也一定要回家。很多时候，他们并不是因为多么孝敬父母、多么想念家人，而是因为觉得在学校无聊，不会安排自己的时间，也不懂得安排各种活动或者寻找学习锻炼的机会。用他们自己的话来说就是："大学生活太单调了，想换个环境调整一下心态。"但是，即便他们每个周末都回家，也没发现他们能调整出什么好状态来。

还有一些学生经验单薄，也没什么见识，甚至家庭还很贫困，也是在寒暑假一放假就回家。在家里很快也觉得无聊了，又心急地盼望开学。我遇到这类人会打趣一句："你回家那么早干吗？外面有鬼啊？"

我倒不是反对同学常常回家，而是这其中折射出来的独立意识和自我安排意识的缺乏，让我觉得很多大学生都没有"断奶"。他们一直都习惯被父母安排、被学校安排，所以只要上完课就没事可干，只要一放假就觉得无聊，这些人是永远都不会有出息的。

有些职场人士也是如此，习惯被安排，不知道主动找活儿，眼里也没活儿，催一下动一下。可是，你去看看那些老板们，他们需要别人来安排自己的工作吗？需要别人来安排自己的生活吗？他们非得到了8点才上班吗？然后在下午5点就一定要下班吗？我见过那些成大事的人，他们在国家法定假日也不一定给自己放假，他们的眼里只有目标，完成了目标，他们才给自己放假。这种独立自主意识，在一个人的学生阶段就会表现出来。

我经常在想，虽然现在某些未"断奶"的大学生凭借父母挣下来的老本还可以暂时"不用想事"，做几年"温室里的花朵"，但遇到竞争，在同等条件下，根本竞争不过那些从小就具有独立意识和思考能力，并且具有无尽生命力的"野草"。就算他们现在占据了一定的资源，暂时因为他老爸是"李刚"或家里还有几个小钱，有那么一点"优越感"，但迟早也会"三十年河东，三十年河西"。"富不过三代"，我们都注意到，很少有人能把家族财富从民国一直延续到现在，第二代"守成难"已成为普遍现象。

所以，"野草"们加油吧，未来属于你们这些早早"断奶"的人。

2. 他们是如何被QQ废了的？

虽然现在微信等各种网络社交工具增多了，但QQ依然是大学生的主要交流工具，尤其是当QQ开始出现的时候。我不禁感叹，有这么一个免费的即时交流工具，人们交流方便多了。

大学期间，有那么一段时间，我对 QQ 真是爱不释手，非常享受那种"嘟嘟"的好友提示音，而且只要一看到 QQ 那左摇右晃抖动着的黑企鹅图像，就有一种交流的快感。

于是我养成了一个习惯：电脑开机后的第一件事就登录 QQ。每次重装系统的第一件事，不是装 Office 办公软件，而是装 QQ 软件。"Word 可以没有，但 QQ 不能没有"，就是当时的状态。于是，我隐约感觉到，我可能是"中毒"了。

慢慢地，我发现原来"中毒"的不止我一个，因为能侵蚀我的"病毒"，肯定也能侵蚀其他的人——他们也是"Word 可以没有，但 QQ 不能没有"。

很多人的"Q瘾"严重得让人叹为观止。我见过很多大学生，一天到晚就在 QQ 空间、朋友圈的"一亩三分地"里精心地摆弄自己的照片，写着自己那些鸡毛蒜皮或者吃喝拉撒式的心情日志。不仅如此，他们还非常关注别人给自己的评论和留言，只要有人给他评论了，他会在第一时间回复。于是，我看见很多人的 QQ 空间、朋友圈有很多评论的记录，通常模式是——我先评论你的"鸡毛蒜皮"，你再评论"我的评论"，我再评论"你评论我的'评论'"——如此循环往复。

我惊叹于他们待在网上的时间之久，以及回复之及时。但我还是很能理解他们的。

为什么很多学生在自习室并没有看书，而是用 QQ、微信跟别人聊天？是因为社交需求没有得到满足，所以，他们"自的不是习，是寂寞"。

为什么很多学生宁愿在自习室用网络工具跟人聊天，也不愿意跟现实中的人交流？是因为现实人际沟通能力缺失。

为什么很多学生害怕一个人走路、一个人吃饭、一个人自习？是因为在本质上，人是群居动物，社交需求是人的基本需求。

我能深刻地理解现代人的交流障碍——他们在现实交际中呆若木鸡，但躲在虚拟的网络空间里却活跃非常；他们不认得住在对面的邻居，但喜欢QQ、微信上的好友；他们跟室友可能没话说，但跟陌生人扯起来很放得开。

后来，我发现一个定律：一个寝室室友关系的融洽度和寝室人的上网时间成反比！

以前，一个宿舍没有手机和电脑，网络也没有4G、5G，大家在一起交流的时间会非常多，还会参加很多集体活动，这时，就有一种彼此关心、互相倾诉的氛围。但是，当寝室里的人都有手机和电脑时，大家就会各自抱着手机和电脑自娱自乐、各干各的，相互交流的时间减少了，距离也就拉远了，原来融洽的寝室逐渐变成了乌烟瘴气的"网吧"。

有人曾说，QQ、微信在利国利民的同时，也在废掉一些人。

有些人因为QQ、微信的存在，长期缺乏与人面对面交流的机会，从而产生了沟通障碍。在网络上"谈笑风生"的人，我在现实中约见他时，却发现他眼神游离、表情呆滞、词不达意、极不自然。而这种人际沟通能力，以及下面提到的语言表达能力，就是我一再强调的一种软实力。

有些人因为QQ、微信的存在，只需要打字，而不需要说话，慢慢废掉了说话的能力。当我每次面试看到有人连自我介绍都说不清楚的时候，我很想问他："请问你读大学时，是看书太多，还是上QQ、微信或者玩游戏太多？"因为我知道，当一个人长期不讲话时，语言表达能力就会退化。

有些人因为QQ、微信的存在，已经很少看书或者听课了。他们不是用QQ来传递信息，而是整日守着电脑用QQ聊着一堆没有价值的废话，甚至在斗图斗表情，消遣着空虚、无聊与寂寞。在寝室就用电脑登录QQ、微信聊天，走路或上课就用手机登录QQ、微信聊天，似乎不吊在QQ、微信上，他们就活不下去。

所以，我觉得，QQ已经废掉和正在废掉一些人。

网上有一段议论似乎有些道理:"整日待在QQ上聊天的,都是那些月薪不过三千的人,因为他们有大把无聊的时间,因为他们要散发穷困和憋屈的情绪,你见过有事干的人会整日在网上聊天吗?"

所以,我的结论是:大部分人死在床上,更多人死在网上,少部分人死在路上。

3. 像蛆一样地活着

百度百科说,蛆为无头幼虫,头部及口器极度退化。

说一些人像蛆一样地活着,不仅是因为他们经常不思考而思维退化,还因为他们数量众多,成堆出现,在越是腐化的环境里,数量越多。

这帮类似于蛆的人,要么没有理想、胸无大志、没有激情、没有毅力、按部就班、极其平庸,要么蝇营狗苟、热衷于分配性努力,而不是生产性努力(著名制度经济学家诺斯曾区别到底哪种制度能促进经济增长,哪种制度会妨碍经济增长,使用了"分配性努力"和"生产性努力"两个概念。"分配性努力"是指企图从社会已有的生产成果中分得更多的份额,这种行为不会创造价值,只会让人削尖脑袋争取现有利益)。

我就见过很多这种蝇营狗苟的"蛆"。我在读研的时候,就遇到过这样一个学生会主席,每次搞活动,他都会想方设法地虚报账目,从而向学校多申请款项,或者从活动中多挤压那么一点余款,然后中饱私囊。虽然每次只榨取了那么几十元上百元,但那种龌龊的行为极其令人恶心,这种人走向社会注定是一个蛀虫或者败类。还有一些这样的学生会干部,平时就不干什么实事,一旦遇到评奖评优,就在老师面前表现得很积极,对同学们也会陡然"友好"起来。这种人,在没见过世面的人眼里,还有那么点"优秀",但是从社会的角度来看,他们明显是胸无大志、投机钻营,就跟蛆一样,什么都不是。

当然，更多的"蛆"并不蝇营狗苟，他们更多的是没有理想、胸无大志、没有激情、没有毅力，极其平庸，连投机钻营的心思都懒得动。不过，因为他们数量众多，所以他们的"分解作用"也极其厉害。

这类人说得最多的一句话是"计划赶不上变化"。如果有人告诉他们要做计划、要有目标，他们就会慵懒地说："做什么计划呢，计划赶不上变化！"或者："要目标干什么？那么功利！"

说这种话的一般都是没脑子的人。谁说有目标就等于很功利呢？难道那些没目标的人就不功利了吗？目标和功利是两个概念，但没脑子的人是分不清的。

同样的道理，如果说"计划赶不上变化"，为什么国家有那么多的五年计划呢？为什么每个公司都有年度计划呢？为什么每场战争之前都需要细密筹划呢？为什么说"机遇只垂青有准备的人"呢？没脑子的人因为没有思考的习惯，所以会用"计划赶不上变化"给自己求一个心安，同时也去麻痹别人。但不幸的是，有些人真的就被这些"蛆"给麻痹了，然后"分解同化"掉。

这类人还喜欢说一句话："活得那么累干吗，只要快乐就好。"这种话看起来很"自然"，似乎代表着一种生活态度，但稍微有脑子的人都会想：人家可以不累，因为他有资本，你不累行吗？喝西北风去？而且"只要快乐就好"这句话就更加"脑残"了，你可以问一下自己，这种快乐可以长久吗？你要快乐一时还是要快乐一世呢？如果说"只要快乐就好"，那是不是窝在寝室睡觉或玩游戏，就有了理由和依据？

还有很多人听完一场好的讲座之后，就会说："好是好，但并不是人人都需要那么激情地活着。"这种人错了吗？也没错，因为世间万物的存在，自有它的道理，比如蛆。

很多学生向我反映，他们身边的人，上进的极少，极其颓废的也极少，大部分人都处在中间层的庸人状态：没什么目标，也不怎么颓废，每天该上课就去上课，没课就在宿舍睡觉或上网，有事就做，没事就玩，得过且过；或者每天随心情听听课、上上自习、看看电影、聊聊QQ、玩玩空间、看看杂志、逛逛街、聚聚餐，偶尔"愤青"或八卦一下……

我看过这样一句话："一个人想平庸，阻拦者很少；一个人想出众，阻拦者很多。不少平庸者与周围人关系融洽，不少出众者与周围人关系紧张。"

所以，各位奋斗中的朋友，一定要清楚地认识你自己，也要清楚地认识你身边的人，知道他们是什么货色，就不会轻易被他们影响。还有一句需要记住的话就是：在越是腐化的环境里，蛆的数量就越多。

4. 你是"掩耳盗铃"的大学生吗？

有一个大四的毕业生，找了半年工作都没有找到，最后来到我这里，要求我给他做职业规划。我与他交流了一会儿，发现他缺的不是职业规划，而是实在的能力。

我对他说："你需要把内在的能力练好了，我才可能给你做职业规划。"

他焦急地问："我要练一些什么内在的能力？"

我说："你要练的能力除了一门扎实的技能，还包括分析判断能力、人际沟通能力、语言表达能力、宽广的知识面，这些能力不管在哪里都需要，尤其是你在干管理、销售、市场等方面的工作时更为重要。"

虽然我说得很明白了，可是他还是不理解，盯着我继续问："我同学说我缺乏求职经验，所以我需要学些面试技巧。"

"那些面试技巧现在对你来说没用，"我说，"就算你学到了一些面试技巧，蒙过了那些像糊涂蛋一样的面试官，但你能在工作岗位上创造业绩吗？如果你创造不了业绩，哪个企业会白养着你呢？你看，你现在没有一样拿得出手的技能，也没有什么经验，见识面很窄，思维也很简单，说起话来支支吾吾，眼神闪烁迷离，整个人都没有什么精神。说白了，你现在要文凭没文凭，要技能没技能，要证书没证书，要思想没思想，要气质没气质，要啥没啥，我怎么给你做职业规划？职业规划的意思是，你本身有一定的能力，有一个闪光点，我只是帮你挖掘出来，给你提供必要的信息，把你引导到正确的位置上去。你现在这个样子我怎么帮你，难道要建议你重读一遍大学？"

他低下头，眼神也变得黯淡起来："我自己也觉得自己什么都不行，但现在要这么多东西，我怎么练呢？我现在要找工作啊！我总不能毕业了还靠家里养着吧，而且我们家已经负债好几万了。"

看到他的这个样子，我开始心痛起来，还没等安慰他一下，他就突然抬起头来说："谢谢你这么一针见血地让我认清了自己。虽然现在有点迟，但是我会迎头赶上。不过，我还是要学点面试技巧，先找个工作养活自己。"说完后就匆匆告辞而去。

看着他的背影，我不禁感叹：还有多少大学生跟他一样，在大学里什么都没学到，等到毕业时才发现自己一无是处，于是像热锅上的蚂蚁一样东奔西跑、四处碰壁。况且，一个人自身没有什么能力，光靠面试技巧，那不是跟掩耳盗铃一样吗？

虽然我们都曾经嘲笑过小学课本里那个掩耳盗铃的人，觉得他是自欺欺人，可是你反思过没有，自己是不是也会掩耳盗铃啊？

有多少人平时不读书，只是在考试之前的一个星期根据老师"圈出的重点"死记硬背，然后考完第二天就忘记了，就算取得高分又能如何呢？就算侥幸没"挂掉"又能如何呢？有没有学到东西你自己还不清楚吗？

有多少人平时不努力，用四年的光阴和大把的学费，混了一本不值多少钱的文凭，然后拿到父老乡亲面前做交代，说自己大学毕业了。你不觉得心虚吗？这个文凭背后的自己有几斤几两，你自己还不知道吗？拿着一个不值钱的文凭来安慰自己和亲人，不是掩耳盗铃是什么？

有多少人在盲目地背单词、做题，即使过了四六级，也不会说几句英语，不是掩耳盗铃是什么？你的英语啥水平，你自己还不清楚吗？

5. "腿残"比"脑残"更可怕

"脑残"算是一个流行的词语了，意思都知道，大致是指思维幼稚、头脑简单、不想事和见识少。"腿残"这个词语是我创造的，用的不是字面意思，不是指腿部残疾，而是指很多人没有行动力。

有两个流行的词："宅男、宅女"，刚好生动地概括了这类人的生存状态。

其中一些人真的很懒，是深入骨髓里的那种懒。

曾经有一个学生在QQ上找我咨询，说她快迷茫死了。在简单交流之后，我匆匆忙忙地上课去了，临走前对她说："我马上要去上课了，你如果还有未解决的问题可以直接QQ留言，或者来听本周六的免费人生规划课。"

她很快回复了一行字过来："我想来，但是不太想动，我还是留言给你吧。"

当我看到这句话的时候，我竟然有点愤怒。我愤怒并不是因为她不来听课，而是因为我看见一个极度丧失行动力的人，看见一个并不是从骨子里渴望改变自己的人。我敢保证，就算我将所有的解法告诉她，她也未必能改变，因为她缺乏的，已经不仅仅是目标的问题了。

于是，我悟出一个道理，世界上有很大一部分人是属于"腿残"的。这是"在智力水平相当的情况下，好的高中生可以成为差的高中生的老师"的原因；这也是"大学里同样一个专业的同学，毕业时能力水平差距之大，有人可以成为另外一个人的老师，甚至是祖师"的原因。

马云说，很多人"躺下想到千条路，睡醒还是走老路"，指的就是大部分平庸的人，并不缺乏想法，而是缺乏行动力。

"腿残"的人还表现在很多方面。

比如去图书馆，他们会说"太远"了，懒得走——我真不知道他们所谓的"远"的参照物是什么，难道就像病人躺在床上一样，只有伸手可及的一杯水才是最近的吗？

比如，很多人吃饭也不想走出寝室，而是打电话叫外卖。于是大学生分成了两拨儿：一拨儿成了"爷们"，一拨儿成了"长工"，那拨儿"长工"经常靠跑来跑去送外卖来养活自己，而那帮"爷们"靠吃外卖而变得四肢日益萎缩、肚子日益肥大。

比如，很多人喜欢窝在教室或者宅在寝室，而不喜欢参加各种活动、各种比赛，也不喜欢听各种讲座，不管校内校外，不管收费免费。他们仅仅活在自己的世界里，为某一次服装打折而眉开眼笑，为某一次水果涨价而絮絮叨叨，为食堂的饭菜难吃而怨声载道，为某次游戏的输赢而捶胸顿足，慢慢地沦为一个琐屑而愚昧的井底之蛙。

"树挪死，人挪活。"我觉得不管是从生理的角度来看，还是从机遇的角度来看，这句古话都相当有道理。我见过很多人因为经常参加各种场合的活动、接触各种行业的人而找到了自己的机会。

6. 大学生眼中的大学生类型

有一天我与一群大学生聚餐，酒足饭饱之际，大家纷纷从不同的角度对大学生进行了分类。事后我觉得，这些分类虽然不一定完善，但因为是大学生对自己的归纳，是自家人看自家人，确实比较通透；而且，其中很多说法来自校园，颇有些鲜活的民间风趣和江湖气息。

于是，我忍不住把它们辑录出来，希望大学生朋友们可以借此看看别人眼睛里的自己，对于认识自我和定位他人多少有些益处。由于是大学生们在酒酣耳热之际的神侃海聊，难免存在有待商榷之处，所以我在每一条后面加了一个评论。

（1）宋江型

他们眼中的他们：大学校园里总不缺乏一批积极上进、以身作则的好学生干部。但确有一些学生干部，就相当于呼保义宋江，带着一帮小喽啰屁颠屁颠地讨好老师，对上一副唯命是从的奴才相，对下一副"大爷是我"的官僚架子；有些人在学生会混久了，还真以为自己是领导了。

点评：作为一名学生干部，首先应该树立服务意识，只有具备这样的心态和素养，走入社会后才可能真正成为人民的公仆。当然，学生会里除了一批比较喜欢摆谱的干部和一批为了自我锻炼混进学生会的人，其实还是有一批为同学们干实事的"好官"的，所以也不能因为个别人"奴才相"而将所有学生干部都一棍子打死。

另外，在学生会要平衡好工作和学业的关系，很多人因为学生工作而荒废了学业，实在得不偿失，因为这"官"毕竟是临时性的，而专业可能是要做一辈子的。

那些暂时没进入学生干部队伍锻炼的同学，也没必要患得患失，因为锻炼的机会多的是。除了在学生会锻炼，自己组建一个兴趣爱好组织也不错，或者积极参加各种比赛和社会活动，甚至可以与外面的企业合作一些项目、尝试一次能力所及的创业等，都是不错的锻炼方式。

能够进入学生干部队伍的人，除了可能得到一定的沟通管理等能力的锻炼外，也要警惕被废掉一些自身的好品质。比如我就见过一些人在学生会待了一段时间之后,就真染上官僚作风了,比如做事拖沓、喜欢讲究程序,开会废话连篇、官话太多、不讲效率,另外还比较喜欢指使他人而自己不干实事,这些坏习惯一旦沾染,一定会影响在社会上的发展。

(2) 游戏战神型

他们眼中的他们:平时萎靡不振,坐在电脑前就跟打了鸡血似的;平时是个废人,在电脑前就变成了血气方刚的真男人。他们的人生战旗是:游戏人生!他们可以没有理想、没有饭吃,但是不能没有游戏装备。

点评:玩游戏,不论你说多么益智,就大部分人而言,一旦陷入其中,就像吸鸦片,你明知道不好,但就是无法自拔。一旦沉溺其中,既会浪费时间、消磨意志,也会废掉身体、搞坏眼睛,害处多多不可胜数。

(3) 神雕侠侣型

他们眼中的他们:这类人,天天活在两个人的世界里,眼里除了对方还是对方,心里除了爱情还是爱情,不食人间烟火。一旦花心就醋意大发,一旦分开就疑神疑鬼,一旦出轨就砍瓜切菜,一旦失恋就寻死觅活。这类人属于没见过世面的那种,饥饿太久,吃到青菜萝卜就觉得是山珍海味了;寂寞太深,月下散步就以为胜却人间无数了。

点评:如果用一种正确的心态来谈恋爱,则会激发起一个人的责任感,这种责任感就是要给对方幸福,所以也会更加勤奋。但现在有些大学生谈恋爱并没有这种责任感,他们更多的是一个堕落加另一个堕落等于双重堕落。经常两个人在一起,人际圈子极其狭隘。很多人恋爱之后无心学习,在大学里不学无术,毕业时因为各种现实因素而劳燕分飞的情况比比皆是。

（4）西毒欧阳锋型

他们眼中的他们：欧阳锋平生只好武功，对非武功之外的东西具有极强的免疫力。大学生里也有很多欧阳锋型的人，比如英语西毒型、考证西毒型、成绩西毒型、自习西毒型。此类人一旦认了死理，就不与外界接触，整天闭门修炼，百毒不侵，神马都是浮云，考证才是命根子。很多人与父母缺少沟通，与朋友缺少接触，甚至有些都很少出校门。

点评：为了实现一个目标而努力，是一件非常可喜可贺的事情，但前提条件是，这个为之努力的东西必须是一个正确的东西。否则越是努力，离成功越远，南辕北辙就是这个意思。

我觉得任何一个人在一样事情上努力的时候，最好也关注一下其他方面的东西，这样才能见多识广，减少谬误。而且我认为，一个人不能为了某个东西而偏废了太多其他的东西。

有一句话的大概意思是，"当你到达山顶时才发现，原来最美的风景在山腰"。我觉得如果每一个追求目标的人都能停下来享受一下努力的过程，将是一件很美好的事情。不然就算西毒欧阳锋将武功练到极致，他的人生也未必完美；就算《天龙八部》里的慕容复复兴了大燕帝国，也必然会错过一些最美好的东西。

所以我现在在做事业的过程中，也经常问问自己：我多久没有陪家人了？多久没有联系朋友了？多久没有写总结日志了？多久没有更新知识了？有多久没有关注其他行业了？多久没有运动健身了？多久没有看书种花了？

（5）今朝有酒型

他们眼中的他们：这种人今朝有酒今朝醉，明日失业明日愁。如果跟这种人说毕业压力，他会说："毕业压力？听说过，但是我没感觉到。"这种人不知何谓激情，你跟他谈激情，他会打击你；你别跟他谈信任，他认为世界上的一切都是骗人的;你别跟他谈改变,他就认为自己天生这副德性。整日嘻嘻哈哈东游西荡,或者天天窝在寝室蓬头垢面,为几个明星尖叫、为几场晚会疯狂、为几件衣服纠结、为一群男女八卦、为几集电视剧落泪、为主人公分手伤感。津津乐道别人的成功,评头论足别人的缺点;想睡就睡,想起不起;自己精致,寝室肮脏;金玉其外,败絮其中。毕业时什么都不会,于是哭爹喊娘,骂社会不公、骂大学不好、骂生错了时代、骂投错了娘胎,只能在社会漂泊游荡。

点评:这种人没有忧患意识,也没有什么远见,其实很多人出身平淡,没有条件堕落,但由于自制力不强,容易受身边环境的影响,变得不想事不动脑。这类人即便走入社会,也没有什么大的出息。近朱者赤,近墨者黑,这种人的同化能力非常厉害,可以消磨你的激情、腐蚀你的意志,最好像对待猪流感一样地远离他们。

(6) **孔雀攀比型**

他们眼中的他们:此类人一般家庭条件还不错,喜欢显摆,人生的信条就是"我有什么我都要让你知道"。每天晚上都会问自己:"今天我秀了吗?"如果发现自己没有秀,她便心情久久不能平静,辗转反侧难以入睡,于是经常在网上发表这样一条心情日记:我郁闷!此类人喜欢攀比家境、攀比伴侣、攀比物质、攀比容貌,所有的一切都喜欢拍成照片发到网上,24小时蹲点QQ、微信、微博,喜欢看到别人的赞美和艳羡的眼神。这类人看似骄傲其实自卑,只有通过外在的肯定才能找到自我存在的价值。

点评:虚荣在本质上并不是一件坏事,因为在某种程度上也可以促使一个人努力。但不正当的攀比则有害无益,很多原本不具备条件的学生在别人的带领下失去了判断力,从而不断向家里要钱,成了名副其实的吸血鬼。如果陷入了攀比漩涡,建议找一个上进的群体，用团队的力量来矫正自己的价值观并实现兴趣转移。

（7）"三白"型

他们眼中的他们：这类"白痴"少女做着白马王子的白日梦。她们多半是长相平庸、家境一般，却受言情剧和言情小说的毒害，不肯直面现实，就想着某朝一日，真的有哪位瞎了眼的王子看上了踩到狗屎运的她。她们跟着综艺节目学人怎么化妆、丑女怎样变美女，或沉迷于言情剧，看灰姑娘怎样变皇后。如此日夜交替，完全沉醉在影视给人营造的美好梦境里。这类人到了大妈的年纪还经常会一口一个"不要啦""人家不想啦"。总之就是，做作比丑陋更令人反胃。

点评：也许是年纪的原因，我对此类人不太了解，所以没法深入点评。感觉上面的评论有点"犀利"，看得我都心惊肉跳。但我知道确实有很多人被肥皂剧给耽误甚至扭曲了人生，他们说话举例基本都用影视剧里的人物和台词，选择男女朋友也以影视剧里的人物作为标准，所以往往在年轻的时候"论调甚高"，但随着年龄增大，也是"红颜薄命"，随便抓住一个男人就匆匆结婚。我身边就有一个朋友在看完一部韩剧之后竟然决定做丁克族了，此举让我无比震惊。

（8）穷酸秀才型

他们眼中的他们：这类人一般条件不好，不愿意正视自己的贫穷或短板，有点小才，有点桀骜，穷酸又自大。经常虚张声势来掩饰自己的自卑，喜欢自己给自己造梦，把自己幻想成很强大的样子，不愿意面对事实，活在自己的世界里。因为自卑所以喜欢抬高自己，打击别人，为了维护自己的自尊心而处处事事竖起全身尖刺反击别人。总是认为自己很牛很伟大，别人很"菜"很渺小，经常露出文人相轻的陋习。抱着文绉绉的书说着别人似懂非懂的话，抵制商业的东西，有一定的精神洁癖，一半处在"千山鸟飞绝"的精神世界里，一半处在柴米油盐酱醋茶的现实世界里。

点评：这些评论里有几点我比较认同，"经常看不起别人，觉得自己才是很牛很强大"，在文人当中确实普遍存在，他们经常说的一句话就是："那有什么了不起，那种事情我也会做，只是我不想做。"其实我觉得不管是哪一类人，正确认识自己，是最起码的事情。

(9) 烂泥型

他们眼中的他们：此类人干啥都没激情，做啥都没魄力，问啥啥不知，做啥啥不会，三棍子打不出一个闷屁来；你的事情概不关己，我的事情高高挂起。活着和死了一样，轻轻地来，低调地走。任你怎么刺激，他都无动于衷；任你怎么挑衅，他都平静如水。没有激情，没有信念，仿佛20多岁就等着进棺材了。

点评：这些描述有点"狠毒"，却也将这类人刻画得入木三分。生活中确实有些人没有什么进取心，可以说是随遇而安，他们最喜欢说的话就是"要那么努力干什么"。我就有这样一位朋友，打算不结婚不生子，并且经常跟身边的人说："怎么活不都是一辈子？"当然，可以把他当作超脱世俗之人。但我想，对于大部分没有上进心的人来说，就算你一切都不在乎，你父母妻子总要生活吧？他们的价值观不一定与你一样吧？所以，我觉得人多少要有点进取心才行。

(10) 自暴自弃型

他们眼中的他们：这类人会因为自身的某个不足而自暴自弃，比如大学档次不高、比如身边氛围不好、比如不喜欢现在的专业、比如长相对不起观众，等等。他们不是奋发图强，而是甘愿堕落。你说他未来无限美好,他说自己低人一等;你说他未来大富大贵,他说自己天生命贱;你说他下个月有桃花运,他说你别开玩笑了,我天生就没人爱,注定孤独终老。

点评:生活中确实有这么一类人,脑袋里充满了消极思想,看什么都只看到不好的一面。比如对于大部分人来说,其实大学都不怎么样,但就是有很多人过不了自己心理上的"那道坎"。如果说人生是一场马拉松比赛,大学只不过是另外一个起点。但很多没有终生学习观念的人,硬是把大学看成了自己的终点。这类自己主动放弃治疗的人,神仙都救不了。

(11) 盲目优越型

他们眼中的他们:这类人总以为"我爸是李刚",总想着自己家里的床板下还压着几个他爸拼命贪回来的钱,总以为家里可以安排一个可以养老但不至于是"掏粪"的稳定工作,总以为自己来自大城市的某个角落就恨不得把整座城市都说成是他们家的。这类人盲目的优越感下隐藏着自卑的心灵:因为他知道他爸毕竟不是李刚;因为他知道除了几个钱,他自己在很多方面都被别人鄙视;因为他知道除了让那些没见过世面的人羡慕他有一个编制,有能力的人都在鄙视他那没出息的工作。

点评:做人一定要不以物喜,不以己悲。我比较喜欢的一句话是:"在人之上,要把别人当人看;在人之下,要把自己当人看。"不要有盲目的优越感,也不要有盲目的自卑感。

(12) 跟风猴子型

他们眼中的他们:这种人没目标、没主见,天性就像猴子,怕孤独,总是跟着别人的行为和思想转,所以很累很空虚,而且注定也没太大出息。比如本来不想照相,结果一去照相馆,就被人家巧舌如簧地拉着照了千儿八百元的照片,然后回来作死地自责;本来打算自习,结果身边的人都逛街去了，于是也跟着逛街去了。

点评：这种类型的人我已经写过很多了，要避免跟风的情况，最重要的是认清自我，定位他人；确立目标，强化思想。

(13) **兼职副业型**

他们眼中的他们：这类人疯狂地找机会做兼职、打零工、搞促销、做家教。只要能赚点小钱，不惜一切代价，分不清重点，掉进小钱眼里，为了蝇头小利荒废了自己最宝贵的青春；不会沉淀和丰富自己，喜欢把自己转得像个地陀螺，一闲下来就六神无主；不懂得对脑袋的投资才是最精明的赚钱方式。

点评：对于兼职，我最大的建议是，一定要有目标地兼职。比如你到底是为了赚钱，还是为了锻炼某方面的能力（比如沟通能力），然后根据这个目标确定要花多少时间和选择什么项目。我建议在生活费用尚可的情况下，多花点时间来学习专业知识，或相应能力。

(14) **吸血鬼型**

他们眼中的他们：这类大学生，一个月也不会给父母打一次电话，打电话也没几句话说，提前花光本月的钱就跟父母要，父母不给就和父母吵架。这种人，为了自己的虚荣，不顾年迈的父母。有些父母是土里刨食的，有些父母是在外打工的，在外受尽压迫和欺辱，回家之后又被没有良心的子女剥削，早早地就满脸皱纹、弯腰驼背，愁肠百结，心力交瘁。

点评：很多大学生之所以堕落，跟攀比和虚荣有很大关系，最本质的原因是缺乏责任感。他们只会考虑自己的感受，而很少考虑别人尤其是父母的感受。比如2011年4月1日，一位在日本留学的男青年在上海浦东机场向接机的亲娘连捅数刀，把他亲娘的胃和肝都捅穿了,而原因只是亲娘给他寄钱晚了一点。我一直在想,有多少人像父母养育我们一样地能尽心尽职地赡养父母呢?很多人毕业后找了份不像样的工作,还要依靠父母贴补买房和养家,榨干了父母一辈子的血汗,遑论什么赡养父母!

7. 你真的变态了吗?

大二学生小月有一天忧郁地跟我说:"我室友说我最近不正常,说我变态了。"

我好奇地问:"她们说你怎么个变态法?"

她说:"今天我从'软实力'上完课回到寝室,她们(室友)问我去哪里了,我说我去上课了,她们就哈哈大笑,我被笑得莫名其妙。"

"嗯,我也有点莫名其妙。"我说,"后来呢?"

"后来她们问我,你学的是什么?"

听到这里,我心里的石头放下了,因为小月没有变态,变态的是她的室友。她的室友在不了解她学什么的情况下,就对她学习这种上进行为加以嘲笑,并认为小月是不正常的。

我继续问她:"那你怎么回答的?"

"我说我在学软实力,她们又是一阵哈哈大笑。然后又问我软实力是什么。"小月说,"最后搞得我也糊涂了,我是不是真变态了?"

我不打算直接告诉小月,你没有变态。而是想让她自己意识到,自己没有变态。

我问:"当你早上出来的时候,你室友在干什么?"

小月说:"在睡懒觉。"

我接着问:"那当你晚上十点回去的时候,你室友在干什么?"

小月不屑地回答:"有的在电脑上听歌,有的在电脑上看电影,还有的在玩游戏。"

此时，我估计她应该能明白我的意思了，于是我问她："那你觉得是你不正常，还是她们不正常？"

小月果然还不是很笨，她恍然大悟地说："您是说我没有变态？"

"你当然没有变态啦！"我说，"变态的是她们，你不知道吗？她们不断地嘲笑你，并不是因为她们懂得比你多，不是你变态，也不是你做错了什么事，而是她们无知。"

我清了清嗓子，继续说："这个社会大多数人的逻辑是，只要你跟他们不一样，他们就会认为你不正常。例如，他们都玩游戏，你不玩游戏，在他们看来你就不正常；例如，他们都睡懒觉，你不睡懒觉，在他们看来你就不正常；例如，他们的生活都像一潭死水，没有激情，而你激情四射，他们就认为你不正常。很多时候，只要你的行为方式跟他们不一样，他们就会嘲笑和攻击你。明白了这个道理，你就不会轻易怀疑自己了。"

"你应该把那些愚蠢的质疑嘲笑给顶回去，告诉她们：你们才不正常呢！"

为了让小月通过这件事情更加明确地认识自己、认识身边的世界，以及变得更加内心强大，我继续给她分析：你同学嘲笑你学习的行为，与井底之蛙嘲笑小鸟的行为一模一样。井底之蛙的故事你知道吧？小学课本里就学过。具体是这样的：

一只小鸟从远处飞来，落在井沿上。

井底的青蛙看见了，就问小鸟："你从哪儿来呀？"

小鸟说："我从很远的天边来，飞了几十里了，在这里休息一下。"

井底的青蛙突然莫名其妙地哈哈笑了起来："兄弟，别骗我了，我每天都在看着天，熟悉得很，天空不过井口那么大，用得着飞那么远吗？"

你没发现，你的同学就是那帮井底之蛙吗？她们也会无知地嘲笑小鸟。不过小鸟跟你不一样，它没有觉得自己变态，而是把青蛙臭骂了一顿，因为小鸟知道自己在干什么，所以不会被庸人的言论所影响。

就比如软实力。她们在没听说过软实力、不了解软实力内涵的情况下，就对你加以嘲笑，这就是一种愚昧。

软实力是个新名词，20世纪90年代，哈佛大学教授约瑟夫·奈首创"软实力"（Soft Power）概念，从此启动了软实力研究与应用的潮流。在中国，国家软实力、城市软实力、企业软实力等，都得到越来越深入的研究和不断强化。

从2010年开始，我将软实力概念应用到了个人身上，开始从事个人软实力研究，并推出软实力教育培训，明确了"个人软实力"的内涵：那些思维能力、沟通表达能力、情商、组织领导能力、自我学习能力、性格品质等暂时无法用证书来衡量的能力，以区别于那些可以用证书来衡量的技能性能力，即硬实力。

我推广软实力教育，是希望软实力能拯救那些习惯死记硬背、没有思想，甚至不知道怎么学习的考试机器，同时也希望更多的人因为提高了软实力而变得更加快乐、更有竞争力。

你没听说过软实力，并不代表它不重要。因为很多重要的东西都是你没听说过的，但并不代表它们不重要。世界五百强企业你听说过几个？你没听说过的是不是就不存在？

很多人就犯了这个逻辑上的错误。无知之人总觉得，凡是我不懂的东西，都是你的不对；凡是我没听说过的东西，都是洗脑。小学课本里的井底之蛙已经直接跳入了21世纪。

现在社会浮躁，价值观混乱，迷茫在大学泛滥成灾，颓废和迷茫也成为一种现象。所以经常出现这类现象：

一群堕落的人指着一个早起的人说：你不正常！

一群颓废的人指着一个晚归的人说：你变态了！

一群"脑残"的人指着一个有思想的人说：你被洗脑了！

"现在，你明白这个道理了吗？"我揉着发干的喉咙问。

"明白了，"小月说，"我明白了很多大学的现象，也明白了一个道理，谢谢你，我的内心也变得强大了。"

看着她坚定的眼神，我确信她没有骗我，心里很欣慰，又让一个人能在上进的道路上坚持下去了。

8."白痴定律"

我们都有这样的经历：当你决定要做什么事情时，你身边总有那么一批人，同学、朋友、老师甚至是家长给你泼冷水，说"这是不可能的、那是不可能的"，并且用他们"丰富的失败经验"来告诉你，你要干的这件事是多么不可能。

"软实力教育"的学员小朱在寝室练歌，一个室友对他说："哥儿们，别练了，你没有那个天分。"一般来说，这样的话着实挺打击人的，如果是你，你会怎么反应呢？无非是要么真觉得自己"没天分"而罢练，要么反唇相讥——"我就是要练，关你屁事！"

但是，我们的这位强哥可不是吃素的，他反问："请问你有什么天分？"于是，那位室友哑口无言。

这是我见过的最精彩的对白——对待这种自己没理想，还要打击别人的理想的人，就应该这么有力地回击。

生活中有太多这样的事情，总是有那么一大群无知、颓废、堕落的人对你的行为指指点点，对你的选择叽叽歪歪，对你的思想妄加评论。面对这些情况，你也许会驳斥他们，但更多的时候，你会选择退缩，沦为平庸，因为在这个世界上，庸人的力量太强大了，一些本该有出息的人，就是这样被庸人"扯后腿"给扯死的。

很多学生经常问我："怎样不被那些消极的人影响？"尽管我可以说出很多办法，但没有一条是我满意的，直到最近。

最近，我看到一条定律，叫"白痴定律"，意思是：永远不要和"白痴"争辩，因为他会把你的智商拉到和他同一水平，然后用丰富的经验打败你。

很佩服这个人可以用这么精准的语句概括这个现象。

我没有明白这个道理之前，尤其是更年轻的时候，也喜欢跟别人辩论。比如，经常有人给我写邮件，就某个话题跟我争辩，虽然不乏正确的观点，但说实在话，大部分观点都很幼稚。

但是现在，我一定不会跟他辩论。不是辩不过他们，而是我深知和他们辩论的结果——浪费我大把的时间，辩赢了也没有什么意义。这好比你不必向每个人解释你的所作所为一样——在这个世界上，总有很多人不理解你、猜疑你，难道你要向每一个人去解释、说明吗？你存在的意义就是不断地向那些无端猜疑你、甚至"无脑"猜疑你的人解释吗？

这样的事情经常发生。我在讲座上也会提到，我当年在大学也比较内向，但同时也做了很多兼职、创业的事情。于是，每次讲座结束之后，总有那么一帮人觉得我说的是假的，总觉得不太可能，他们的问题是："你不是说你大学内向、胆小吗？怎么可能去创业呢？"

刚开始的时候，我会跟他们解释，说："不要用你的逻辑来理解我的逻辑。你的逻辑是，因为你不行，所以你就不做了。而我的逻辑是，因为我不行，所以我才去做。我刚开始也失败过，但做多了就成功了。就这么简单的逻辑，很难理解吗？"

后来，我发现解释是一件很麻烦的事情，尤其是一拨儿接着一拨儿的人来问你一个"关于你"而不是"关于他"的问题时，我一般不再解释。

我现在觉得，如果你有一个想好了的目标，一定不能被身边那帮"燕雀"给毁掉了，他们"安知鸿鹄之志"？事实证明，大部分人都无法理解你的行为，因为社会的同化规律是，只要你跟他们有一点点不一样，他们就会把你拉回来。而不被"燕雀"们影响的最好办法是，不要告诉他们，也不要跟他们解释，只需要默默地努力。因为你要让一头猪明白你的思想，还不如节省点时间让自己变成一个牛人。

我这样说不是要你固执己见，也不是要你不听劝告。而是说，在你是一个有思想的人的前提下，大可不必过分在意"燕雀"们的议论或看法。事实证明，因"一意孤行"失败的事情很多，但许多事情若要成功也必须"力排众议"。

避免在一个堕落的环境中被一群堕落的人影响的另外一个办法是，如果你有足够的毅力，就不要跟"燕雀"们说你在干什么和你要干什么，你可以选择用事实和结果来说话，这样可以降低被庸人说死的概率。

9. 该出口时就出口

有一个学生从"软实力教育"上课回去后，打电话跟我说："老师，我觉得我颓废了。"我问她怎么了，她说："我室友每天都在教室自习，今天她还跟我讨论了一个专业问题，感觉她比我多学了很多东西。"

我不明白她怎么会有这种思维方式，就对她说："你室友天天自习，也许确实在专业上比你多学了点知识，可是你说过自己并不喜欢目前的专业啊！而且你每个周末都没有浪费时间，你在'软实力教育'学了思维、沟通表达和文案写作课，为什么你不认为你同学在这方面落后了呢？而且，你周一至周五都在学校上课自习，为什么周六、周日还要上课自习呢？自习是你大学的全部吗？"

与上面同学相反的是，另外一个学生跟我讲，她每天都过得很压抑，总觉得自己的生活不如别人精彩。她每次自习完回到寝室，室友们都在讨论当天看过的精彩电影，总在兴奋地展示新购买的漂亮衣服。于是她很压抑，她想不明白为什么别人的生活过得比她精彩。

我问她："你为什么老是听他们说他们的精彩故事呢？你没有精彩故事吗？"

她想了想，说："其实我今天过得也很精彩，我在'软实力教育'第一次站在上百人面前唱了一首歌，以前我是没有这么大胆子的；我学到了一个很重要的理论，就是以目标为导向的思维方式；这几天我还认识了来自全省16所高校的大学生朋友，他们很上进，这是我的校园里所缺乏的……"

"暂停，"我说，"你也过得很精彩呀，我都想过你这样的生活了。可是，为什么你不跟你的同学说说你这些精彩的故事呢？估计他们也会因为你的精彩而羡慕的。"

慢慢地，我悟出一个道理，这帮不自信的人，这帮内向、自卑、胆小的人，这帮经常怀疑自己的人，之所以经常被别人影响，是因为他们老听别人说话，而不会自己说话；老听别人说故事，而不会说自己的故事。

于是，如果有人问我类似的问题，我就告诉他："别老听别人说，该出口时就出口！"

对，没错，就是"该出口时就出口"。

也许有人会说："不对呀，从小到大，人们都告诉我，做人要低调！"

如果你这样跟我说，那我会告诉你，低调没有错，在某些时间、某些地点、某些场合，低调实在太重要了。但是在另外一些时间、另外一些地点、另外一些场合，对于另外一些人来说，"该出口时就出口"同样重要。很多人死在了"高调"上，但也有很多人在"低调"中慢慢"变态"，变得自我怀疑、自我否定，丧失了自我，没有了自信，也丧失了自己的思维功能。

我见过很多内向、胆小、自卑的人，也见过很多抑郁的人，他们从来不说自己的想法，从来不主动表达自己的感受，哪怕受了天大的委屈、自己特别不舒服。最后，别人反而认为他们是"草包"，要么忽略他们的存在，要么对他们揶揄不休。

当我在沟通表达课上费尽九牛二虎之力，鼓励、帮助这些内向、自卑、胆小的人鼓起勇气表达自己的时候，当同学们坐在下面倾听他们讲自己的故事的时候，我经常会情不自禁地为他们鼓掌，因为他们真的很伟大——很多人经历了一般人不曾经历、甚至无法想象的事情，比如父母离异、家庭变故、他人的伤害、传统教育观念的某些毒害、贫困的煎熬，甚至承受着因为父母性格畸形而带来的压抑和影响，但他们依然如此顽强地生活着、成长着，虽然他们在前进的道路上不断出现新的问题。

我在想，如果我像他们一样经历了那么多挫折，我还会不会像他们一样顽强地活着，并且有着那么强烈的改变命运的欲望。我给他们鼓掌，不仅仅是因为他们顽强的生命力，也是因为他们突破了自己，敢于说出自己的故事和想法，学会了怎么去影响别人。

这类人因为经常不说话而饱受别人的不良影响，因为经常不善于表达自己的感受而备受压抑，长期以来也找不到合适的解法。

这个年代，很多人并不会因为你的低调而"口下留情"，也不会因为你的低调而对你尊敬有加。常有人跟你说，上帝给了你"两个耳朵一个嘴巴"，是让你"多听少说"。但是我想提醒你的是，上帝是让你"多听少说"，并不是让你"只听不说"。

一直遭受着"不良影响"的亲们，请记住，该出口时就出口。

10. 我跟你们不一样

我上大学的时候，寝室有一河南的哥儿们，我们叫他去唱歌，他不去；我们叫他去买电脑，他也不去；我们叫他去追女生，他更不去；我们叫他去考公务员，他说不去；我们叫他去考博，他说更不会去。而他拒绝我们的理由只有一个——"我跟你们不一样。"

他说这话的时候，拖着长调子，满腔的无奈。那时候我们也不太懂事，听了都觉得很好笑。后来，当我们拒绝别人的时候，都会模仿他那长长的河南腔——"我跟你们不一样"，然后心照不宣地哈哈大笑。

总之，那时候我们把这句话当成了笑话，也确实觉得这个人老讲这句话很搞笑。

时至今日，当我经历了很多事情之后，才发现"我跟你不一样"这句朴实的话语后面蕴含着深刻的道理，那就是"认识你自己"。

我现在想，也许当时我那位河南的同学并不会用"认识你自己"这么深刻的词语来描述他的心境，但是我肯定，那时候他对自己的认识是远超过我们的。因为他知道他跟我们不一样，所以不会去做一些挥霍时间或精力的事情，不会去做一些浪费钱财的事情，也不会盲目跟风考博、考公务员。现在看来，当你学会说"我跟你们不一样"的时候，就意味着你已经开始学会认识自己、认识自己跟别人的不同了。

有一个女大学生，跟我说她很自卑，原因是她男朋友考上研究生了，于是她觉得自己在他面前就"低了一个档次"。她还觉得，因为他男朋友的朋友圈子都是研究生，所以她就更自卑了。

我听完之后，觉得她的思维方式和自我认知都有问题："且不说没有真材实料的研究生一抓一大把。单说你的价值，并不建立在其他人身上。你有没有价值、有没有档次，从来都取决于你自身，而且是客观存在的，不是'你男朋友考上研究生了，你就低了一个档次'。这属于典型的不自知。"

照你这么说，你平时觉得自己长得还不错，自我感觉良好，遇到真正的大明星美女，你是不是觉得自己会成丑女了呢？你平常觉得自己不矮，还行，遇到了曾在NBA打球的姚明，你是不是觉得自己是个矮子呢？如果是这样的话，你需要成为变形金刚吗？如果不是，为什么你对自己的认知老是在变？

一个成熟的人，应该对自己有一个客观的、稳定的认知。我创业十多年，到了这个年纪，对自己有了一个较为客观、稳定的基本认知。你说我丑，我认为不至于；你夸我帅呆了，我也不会沾沾自喜。我一米七几，你说我高，我认为一般；你说我矮，我认为也不至于。你说我能力差，我不这么认为；你夸我比马云厉害，我也不会当真。这就是对自己的客观正确认知。

你的长相、身高等，都是客观存在的，怎么可能忽高忽矮？

你的能力也是客观存在的，怎么可能时有时无？

你的人品，基本上也是客观稳定的，怎么可能因为别人说你是坏人，你就是坏人？

如果这样的话，那你也太不自知了。不自知的人，就容易受到别人的影响和冲击。

我见过很多这样的人，他们把自己的价值建立在别人的嘴巴上。只要别人对他评论几句，他就觉得自己屁都不是了；只要别人用鄙视的眼神看他几眼，他就会看不起自己了。相反，别人夸他几句，他就飘飘然，不知天高地厚了。这种人活在别人的眼里和嘴里，由别人的评价来决定自己的价值，所以活了一辈子都不知道自己是谁。

在一次商业实战中，一位学生在商业区卖东西的时候，被一个大叔数落了一顿。这个学生回来跟我说，他心情不好，不想干了。我问他怎么回事，他很憋屈地说："那个人说我没出息，一个大学生竟然在马路上卖纸巾讨生活，简直就是大材小用。"

看他那个怂样，我也忍不住数落了他一顿："笨蛋，他的话你也信吗？如果他跟我讲这些，我心情好就给他解释一下，心情不好就一笑而过。他根本不了解你在干什么，就盲目地评论你。你知道你在干什么吗？你不是在讨生活，你只是为了性格突破和学会跟陌生人打交道而做一个小时的实践，他以为你是一直而且永远靠扫街促销讨生活，所以在不明就里的情况下就对你评价了一句。"

为了让他更明白点，也为了让他通过这件小事学会一个人生道理，我继续跟他讲："一个人，如果不能正确地认识自己，那么谁都可以左右你的选择、你的判断，甚至你的心情。"

我不知道他是否真的学会了这个道理，但我知道认识自己及认识自己在干什么很重要。有一次我们公司市场部的一个人垂头丧气地跑回来跟我讲：

"哥，我跟很多人讲了软实力，但人家都说软实力不重要也不需要，所以我觉得'软实力教育'完了。"

我一听，立即告诉他："'软实力教育'没完，是你完了。"

他吃惊地看着我，等待着我的解释。

我说："为什么别人几句话就可以影响你？你根本就不了解软实力是什么，不了解软实力的作用和本质，所以谁都可以动摇你的信念。如果有人跟我讲软实力没用，他根本影响不了我，因为我太了解软实力是什么，以及软实力的本质和作用了；因为我教过的、已经发生很多改变的学生告诉我，软实力很有用；因为很多用人单位都要求我们推荐软实力的毕业生，我知道软实力很有用；我的亲身经历告诉我，它确实有用。说白了，就是你根本就不认识你自己，根本就不认识你所从事的事业，所以，一个无知的人可能随意的一句话就会影响到你。"

这就是我一再强调的"认识你自己"这句话的力量，也是贯穿本书各个章节的理念。

现在我要问的是：你真的认识你自己了吗？

一位企业家说过："一个真正的智者，不仅知道自己要做什么，而且很清楚地知道自己不要做什么。"我相信，这是自我认识的最高境界。百度创始人李彦宏先生在很多创业指导节目里都说过这样的一句话："认准了，不跟风，不动摇。"我相信这是很多成功人士共同的智慧结晶。

"认准了，不跟风，不动摇"，不是要你固执，不是要你食古不化，不是要你偏激。这句话的前提是你有足够的思想和判断力，你比别人更具有超前意识，这样你才能比别人看得更透彻，信念也更坚定。可能，你现在很困惑："我到底怎么区分什么是'固执'，什么是'坚定'？"我在这本书里也没法给你一个统一的标准。依我的看法，不正确的坚持就是固执，正确的坚持就是坚定。至于怎样才能知道"自己正不正确"，那就请提升你的思想、拓宽你的见识、增强你的分析能力和判断能力，也就是我一再强调的软实力。

11. 论自信的丧失

我总结了一下，发现内向、胆小、缺乏自信的人有一个共性，那就是没有存在感，缺乏别人对自己的认同感。

自信的丧失有很多原因，比如从小缺乏家长和老师的认可和鼓励，但最重要的一点，是没找到自信的支撑点。

你没看错，自信是需要支撑点的。

现在很多学生，思维很狭隘，他们的自信主要来自成绩的排名。有些人在小学、初中很自信，到高中就不自信了，因为小学、初中成绩很好，老师总是夸他们；到高中后成绩下降了，就没有自信的支撑点了。有些人是高中成绩很好，被老师肯定、同学羡慕，很自信，但到了大学，同一所大学的录取分数基本相同，也就是说，曾经赖以建立自信的成绩，被抹平了，他们就失去了自信的支撑点。

这类到了大学因为成绩排名而失去自信的人，往往又有几种表现：要么颓废堕落、自暴自弃，要么继续背书上自习、继续"死读书"拼成绩，因为他们多年的人生经历告诉他们，成绩排名上来了，也许自信就会恢复。

但事实上，大学里的成绩排名很难给很多人带来自信。因为高中的评价标准是单一的：你成绩好，你就很棒。但大学的评价标准是多元化的：你成绩好，但别人当了干部，独树一帜；另外一些人多才多艺，在各种表现场合都会志得意满；还有一些人，创业折腾，风生水起；当然，也有一些人，啥都不干，拼爹拼背景，他们的主要注意力都用在美颜美发、追剧追潮等事情上。

在这样的情况下，那些死拼成绩的人，很难不怀疑自己。他们发现，自己苦哈哈地拼成绩，可是别人还是当了干部、上了晚会、赚了钱，别人还是比自己吃得更好、睡得更香，前途也比自己光明得多。

这种把自信建立在专业成绩排名上的狭隘思维和自我认知，是多年应试教育造成的结果。因为没有人告诉他们，大学的评价标准是多元化的，社会的评价标准会更加多元化；因为没有人告诉他们，其实除了拼专业成绩这种硬实力，还可以拼思维能力、营销策划能力、创意创新能力、组织领导能力、沟通表达能力、销售能力等软实力；他们甚至不知道，形象、气质也是一种软实力。

他们只是不断地困惑：为什么有的人专业成绩没我好，却被知名企业优先录用了？为什么有的人证书没我多，但收到的 offer 却比我多？

他们完全不知道，别人的证书没他多，但组织领导能力比他强；别人专业成绩没他好，但眼界比他开阔。

他们也完全不知道，有些岗位是要看综合素质的，有些岗位更需要软实力。

他们只看到自己的长板，比如成绩。而不知道自己的短板，比如：呆头呆脑，两眼无神，一脸死相，性格缺陷，人际关系恶劣，合作意识很差，表达能力欠缺，创新意识缺乏，眼界见识狭隘，社会经验缺乏……缺乏自信的人，除了缺乏对大学价值多元化的认识、自我的认知、能力种类的认知，他们的思维方式一般也有问题，如总是喜欢在不合适的范围内寻找不合适的对象来做比较。他们喜欢跟别人"比缺点"，自己哪个方面不行，就会刻意去关注什么，结果越来越自卑。比如：一个长得矮点的人会经常注意观察高个子，一个长得不是很好看的人会经常留心那些长得好看的人，一个牙齿不整齐的人会特别关注别人的牙齿，一个英语差的人总是和别人比英语，一个贫困的人总是和别人攀比消费，所以他们越来越不自信。

而正确的思维方式，是应该看到自己的优点。我观察过那些自信的人，他们并不是有多么的完美，只是经常意识到并注意发挥自己的优点罢了。比如一个英语老师，在组织领导能力等软实力方面都不擅长，但他很自信，因为他就只跟你比英语。

其实，思维方式存在问题的更本质原因，是这些人自我认知欠缺、自我定位不明，在社会多元价值观的影响下，导致自我评价标准缺失。比如很多学生看见别人有才艺之后，也傻不拉叽地买把吉他去练习，希望增长一种才艺；看见别人会唱美声之后，也去买了光盘和磁带，跑到荒山野岭咆哮练歌；看到别人学英语，自己也跟风学英语；看到别人考研，自己也报个补习班。

其实，那些所谓的"粗浅才艺"都是浮云，生活大部分时候拼的是

"独家功夫",在你的领域定位好你自己、做好你自己就行了。对于大部分人来说,程序员不必是主持人,主持人不必是企业家,企业家不必是歌唱家,歌唱家不必是魔术师。大家都是在各自的领域里独树一帜,这就够了。

总结起来,自信是需要支撑点的。而找到和建立支撑点,又取决于你对各种软硬实力的认识、对自己的认识,以及对高中、大学、社会、职场评价体系的认识。

12. 你还想"找份稳定的工作"吗?

很多有识之士都说过,当一个国家的年轻人都想寻找一份稳定工作的时候,这个国家就没什么希望了。

我在招聘的时候,如果应聘者透露出要找一份稳定工作的意思,都会引起我的警惕:如果不是一只"菜鸟",为何如此害怕变化?如果不是"菜鸟",为何如此害怕竞争或担心淘汰?

经常看到很多大学生为了一份"稳定的工作"而挤得头破血流,比如有"中国第一考"之称的公务员考试,某些岗位的录用比例是几千比一。很多人考了一年又一年,在一个地方考了不成,还要转战其他省市,形成了"考霸"一族。

曾有报道,2010年3月,济南市环卫局城肥清运管理二处招聘5名大学生做掏粪工,结果有数百名大学生前来应聘,其中不乏学生会主席等"优秀"学生。当问及为何应聘掏粪工时,应聘者说:"姐掏的不是粪,是事业单位的编制,是'铁饭碗'。"被录用的5个大学生被网友封为"最牛掏粪5人组"。

可是,稳定就很好吗?

我的一些朋友就在"稳定"的单位工作,但他们经常向我诉苦说,单位人浮于事、关系错综复杂、七大姑八大姨飞来飘去；无依无靠的只能埋头苦干，夹着尾巴苦熬资历。他们的上司混了一辈子也不过是一个科长、处长而已，看到他们的上司就等于看到了未来的自己。

我大学毕业后也曾在一个"稳定"的地方待过一年。当我雷厉风行地完成自己的工作，准备从办公室撤退的时候，那帮正在喝茶闲聊混日子的同事问我："你要去哪里啊？我们的工作都没做完，你怎么能先走呢？"从那一刻开始，我体会到了稳定的代价，那就是必须跟他们一起无聊地耗日子，直至老死。

很多人只是看到了"稳定"好的一面，却看不到不好的一面。我知道所谓的"稳定"要付出什么代价，所以我一直对"稳定的工作"敬而远之。

我一直认为，一个地方越是稳定，就越是庸人聚集。"流水不腐，户枢不蠹"的道理谁都懂。

很多人跟我说，我在其他岗位实在不行，就去当小学老师。我听了之后会觉得很好笑。首先，小学老师是那种"不行"的人能当的吗？现在很多有见识的人都说，能力最强的人应该去做小学老师，最高的工资也应该给小学老师。你这么说，就是太小看小学老师了。

其次，你想当小学老师就能当小学老师吗？你知道每个小学老师的招聘岗位有多少人在竞争？——当大部分人都觉得自己有资格当小学老师的时候，这个地方就会庸人聚集，竞争就会异常激烈起来——你看看报考录取比例就明白了。

所以我经常说，竞争是无处不在的。你以为一再降低自己的标准和要求，就可以退缩到一个没有竞争的地方，那就错了！越是不需要什么能力的地方，就越是庸人聚集；越是庸人聚集，就越是会为了一点点利益而拼咬厮杀。所以，你要做的事情不是逃避，而是把自己变得更有竞争力。

在我看来，稳定得越久，死得就越快。这个道理，在上世纪90年代的国企改革中已经被反复、沉痛地证明了。大批职工下岗之后，很多人再也无法找到新工作，因为他们"稳定"了一辈子，一旦离开原来那个单位和那个岗位，就什么都不懂、什么都不会了。

这帮被"稳定"废了的人，让我想起了一个关于熊的故事：

> 据说大熊猫和北极熊是同一个祖先，由于气候变化就分为两批，一批迁徙到了中国四川的温带地区，另一批迁徙到了北极的寒带地区。按照一般的逻辑，进入寒带地区的熊会被冻死、饿死，而在温带地区的熊很容易存活下来。结果恰恰相反：由于温带地区的食肉动物较多，比如老虎、狮子和狼，它们常和熊猫抢食物吃，竞争非常激烈，所以熊猫一气之下不吃肉了，退出了食肉动物的行列。后来由于吃草的动物也很多，它决定连草都不吃了，只吃其他动物都不吃的东西——竹子。

> 这样一来，熊猫由于没有了竞争对手，所以很是稳定舒适。稳定舒适就不需要奔跑争抢了，也不需要拼咬了，生存能力就逐渐降低了。当竹子越来越少的时候，就有大批的熊猫被饿死。而北极熊在北极生活得很好，比熊猫更凶猛，身体要比熊猫大两倍。它本来是陆生动物，但学会了游泳，能在海中游几个小时，能大量捕食水中生物，比如海豹；能在零下40°C的北极席地冬眠，"天作被子地当床"，睡上三四个月，醒来还是一条"好熊"。

那些被"稳定"废掉的人，不就是大熊猫吗？他们因为生活技能单一，当社会不需要这种技能的时候，就会失业或下岗。因为缺乏竞争，所以他们失去了更新知识的动力。这样一旦局势有变，首先饿死的也必然是这些人。

除了以上两个问题——这些工作真的很稳定吗？稳定就很好吗？我还有另一个问题：谁说不在体制内，就不稳定了呢？

很多人在企业做到部门总监、经理甚至公司副总裁时，就会经常收到其他企业挖人的邀请，通常是给予一倍到两倍的薪资，外加期权、股权。看起来也非常稳定，不用担心失业。

很多人做到了资深程序员、资深设计师、资深架构师、资深销售、资深编辑，等等，也同样是企业争抢的香饽饽，深受人才市场欢迎。有些人甚至在60多岁退休后，还被聘请去做战略顾问、管理顾问、营销顾问、品牌顾问等。

由此看来，体制外也有很多相当稳定的岗位或职业，前提是，这个人必须具有相应的能力。

有一句话说得好："铁饭碗"不是在一个地方有饭吃，而是在哪里都有饭吃。21世纪的年轻人，要学会将稳定建立在自己身上，而不是别人身上；要学会选择属于自己的美好，而不是受别人的影响、按别人的意志来生活。很多人不知道自己是什么或要什么，晚年发现自己这一辈子好像从来没活过，当然，有的人会更早地发现自己的大好青春一事无成，如垃圾一样被自己抛弃了。

2016年有一个读者写给我一封邮件，标题为"银行工作三年的后悔信"。这个案例让我更加确信，社会是变化的，很多你曾以为的好单位，也正受到激烈的竞争。比如电信行业受到QQ、微信等互联网社交工具的竞争，银行业受到支付宝等互联网支付工具和金融工具的竞争，出版社和传统报业受到自媒体的冲击，制造业随着人工智能的进一步发展也在不断地升级改造，甚至传统教育都在被在线教育步步挤压。以下为邮件全文：

老师你好！

　　我大二的时候听过你一次讲座，当时就有耳目一新的感觉。但是你知道，任何新鲜事物如果不是持续地对人产生作用，那么这种新鲜感很容易以最快的速度消失。所以，直到毕业之前，别人送了一本你的书给我，我那种刺激的感觉才又回来了。但与此同时，我已经进了银行工作。

我承认，我身上确实存在你书中描绘的各种不足。但是被银行录取，似乎把我麻醉了。我当时想，反正我已经进了银行，这些不足应该会慢慢解决的，毕竟这家银行是家大企业，能够给职工提供各种各样的成长机会。

现在，三年过去了，我发现自己当初的想法有些离谱。

进了这家银行以后，我发现当初人们所说的银行的各种好，只不过是传说而已，我其实没有见过。

你曾经在书里写过：有些父母终身漂泊，就希望自己的子女有个"铁饭碗"；有些父母吃了没读大学的亏，就希望子女考硕考博。这些父母从来没问过子女自己想要什么，就把自己想要的东西强加给了子女，用子女的生命来圆自己当年的梦。

搞了半天，我才明白，原来我也是为父母活了三年，我也成了父母生命的延续。

我爸爸在13年前国有银行股份制改革时，被买断工龄下岗了。后来，发现那些留下来的老同事，有的当领导了，现在日子过得还挺不错——福利待遇好，又稳定，而且到了那个年纪，工作上也没有多少事情要操心的。于是，我爸后悔放弃了"铁饭碗"。我妈妈也在银行工作，但经常受部门经理的气，每次回家就抱怨，抱怨完后就对我说，"你以后一定得在银行里面当领导，这样就不会受气了。"但我得到的新消息是，我妈的部门经理因贪污问题被同事举报，银行纪委调查后将其双规免职。

我知道，越是权力集中的地方，人们越是钩心斗角。我有时候会想，大家斗来斗去真的有意思吗？我妈自己在这家银行受了这么多气，为什么还想着让我去银行呢？

后来看到了一个"死海效应"理论：公司发展到一定阶段，能力强的员工容易离职，因为对公司的愚蠢行为容忍度不高，自己也容易找到好工作；能力差的员工不太好找新工作，就倾向于留着不走，年头久了也能混到中高层。这种现象叫"死海效应"：好员工像死海的水一样被蒸发掉，然后死海盐度就变得越来越高，正常生物不容易存活下去。

我恍然大悟，多数年头久的单位里，为什么会关系盘根错节、人浮于事、效率低下，因为"死海效应"太严重了。

自我进银行以后，我发现待遇一年比一年差。2015 年是一个分水岭：5 月 1 号以后，存款保险制度开始实施，银行也允许破产了。也就是说，国家不给银行兜底了，如果银行贷款的企业一旦还不了账，全部亏损要靠银行自己消化掉；如果银行自己实在消化不了，就可以申请破产。这些变化，使得我们的收入越来越少，因为很多贷款根本就收不回来，只能削减员工的福利和奖金来维持正常运转。今年都 4 月份了，但春节的过节费都没有发下来。不仅如此，我们这些职工都是随时可以调动的，谈不上稳定。有些网点门可罗雀，根本无钱可赚。我曾去过效益差的支行，那些老同事说，他们一年只有三四万块钱收入，养活自己都困难。而且，随着网点的裁撤、智能设备的投入使用，可能还会继续裁员。

这个行业也在发生着很大的变化。就我看到的，如今来银行办理业务的都是些老年人，而且是那些不会玩智能手机和电脑的老年人。我在基层单位工作这么久，一般年轻人都见得少，好多年轻人都是直接办张银行卡作为公司的工资卡，然后就不跟我们银行打交道了。哪怕是我的大学同学都是这样，他们承认，参加工作几年了，都没怎么去过银行，像转账什么的，都直接用支付宝这样的支付工具。此外，他们对信用卡也没有什么兴趣，像吃饭看电影打折这些优惠，他们更愿意用美团这样的互联网工具，因为多一张卡，对他们来说，反而不安全。

随着时间的推移，现在来银行办事的人越来越少了，导致银行的很多产品根本卖不出去。而且，国家放开了融资的渠道，很多公共单位可以直接绕过银行进行融资，这等于宣告以前银行那种"躺着也赚钱"的时代一去不复返了。我妈妈说，她们银行有些产品经理过去一年赚二三十万，由于产品对客户没有吸引力，卖不出去，很多人现在只有三五千块的月收入，这三五千块钱还是靠工龄混出来的。

13. "希望"是个好东西，它可以让你继续平庸着

在人们的观念中，"希望"应该是一个很正宗的褒义词了，不然怎么会有那么多的"希望小学"呢！不过凡事都不绝对，就比如"希望"这个词，从不同的角度看，就会有不同的意蕴，我见过很多人就是被"希望"给废掉的。

"希望"这个词用得最多的时间，莫过于春节了。中国的习俗，到了春节是只能说好话的，大年三十要洗个澡，意思是来年不再欠债；大年三十要吃条鱼，表示年年有余。尤其是近几十年的"春晚"，极尽"希望"之能事，将任何生肖都说得充满"希望"。

于是，一时间全世界都充满了希望：做生意的希望赚钱，做官的希望升职，贫穷的希望富有，自卑的希望自信，恋爱的希望不分手，懒惰的希望有毅力，迷茫的希望找到方向，呆板的希望变得幽默，有脑袋没思想的希望变得深刻，毕业的希望找到好工作。

但事实上，每次"希望"都不准确，有时候也并不国泰民安，比如冤假错案、暴力拆迁、假冒伪劣、网络诈骗；有时候也不风调雨顺，比如到

处都有地震、海啸、洪涝、干旱、蝗虫、白蚁；一年到头，该分手的还是会分手，该失业的还是会失业，该自卑的还是会自卑，该破产的还是会破产，该落马的还是会落马。

尽管屡次失望，但人们始终充满乐观主义精神，依然会不失希望地希望来年"恭喜发财"！

其实，除了过年，有一个地方"希望"更多，那就是父母之于子女。这种希望不是过年那几天说一说，而是一年到头都在全力以赴地耕耘着。不过大部分也是白希望：大部分子女都没有进入重点高中，大部分子女都没有如父母所愿进入重点大学，大部分子女都没有按照父母的希望"好好读书"，大部分子女都没有找到传说中的"稳定的工作"，大部分子女都没有成龙成凤。

当我看到一对三十出头的父母，充满希望地描绘他们那仅有两岁的儿子的光辉未来时，我心里在喊："省省吧，兄弟，你对他的希望，就如同你父母对你的希望，实现了吗？"

很多人都寄希望于别人，希望别人怎么怎么样，然后顺便带着自己怎么怎么样。比如父母希望孩子变得很优秀能给自己带来荣耀，女朋友希望男朋友发大财来养活自己，老板希望员工努力拼命来提高业绩。

但很多时候，我发现，凡是寄希望于别人的人，基本都会失望。道理也很简单，你自己都实现不了的东西，有什么理由让别人实现呢？难道别人就比你能干？所以，我本人很少对别人抱有什么厚望，更多的时候，我只对自己寄予厚望，这样我反而从别人那里收获到很多意想不到的惊喜。

一般来说，当人们发现现实中的"希望"不灵的时候，他们就会向菩萨求助。作为一种心理寄托，这也无可厚非。但我经常发现一些很搞笑的事情：很多店铺里供有一个财神菩萨，这个财神菩萨面前灯火通明，但并不香烟袅袅，因为这些人没有给菩萨敬上真的香烛，而是弄了一个类似于蜡烛和香的红色电灯泡，然后插上电。我一直在想，如果那菩萨真的显灵的话，应该让他们亏大本，因为他们把菩萨当弱智一样欺骗。

现在有些处于弱势的大学生（"天之骄子"之类的词早就过时了），也是"希望"最浓的一族。你会很清楚地看到这些大学生是怎么"希望"的：每年开学，很多人信誓旦旦、激情澎湃，说要好好学习、要避免堕落、要改变性格、要养活自己。可是开学后，大多数人依然"涛声依旧"，重复着"昨日的故事"。他们依然没法养活自己，依然自卑、内向，依然宅在寝室无所事事，依然思维幼稚地纠结一些鸡毛蒜皮的事情，依然患得患失，依然有着一种盲目而实际上不值一提的可怜的优越感，依然认为自己还不错，依然认为自己在班上或寝室还算个人才，依然认为自己找工作不成问题，依然快乐地等待失业的那一天，依然以为平庸的行为也能产生卓越的结果。

很多人身处颓废与堕落当中，依然"良心未泯"，充满希望地期待着下学期如何如何。因为有希望，所以他们还活着。

但"希望"是不会在这类没思想、没目标、没计划、没行动的人身上开花结果的，对这类人而言，明天就是今天，明年就是今年。

很多大学生平时颓废堕落、不学无术，但"希望"却很大："不在某某城市，我不去；月薪不满八千，我不干。"对于这类"轻度臆想症"患者，我通常的解法是让他回忆一下自己的高中旧事："你高一的时候不是也发誓要上重点大学吗？结果呢？"

没有行动的希望就是做梦。马云说过，98%的人"躺下想到千条路，睡醒还是走老路"，这类人始终缺乏行动力。我也见过很多人，他们很享受别人那种成功的结果，但无法忍受那种成功的过程。事实上，只有那种立刻行动起来改变自己的人，才会取得成功。"拖"，除了把年龄拖大、痛苦延长，没什么其他好处。

不过，希望确实是个好东西，因为它给了你一个活下去的理由。

希望还是个好东西，因为它可以让你继续平庸着。

14. 我与游戏抗争的日子

颓废的方式有很多种，沉迷游戏算是其中之一。

我曾经也是一个痴狂的电脑游戏迷，不过现在对电脑游戏一点兴趣都没有了。写下这个题目不仅是想分享戒除电脑游戏的经验，更多的是探讨在堕落的环境中怎么避免被影响。

社会上流行一句话——迷茫在大学里泛滥成灾。依我看，游戏在大学里也泛滥成灾。几乎在任何一个寝室，你都可以看到颓废的痕迹：要么是在大白天里几个人躺在床上百无聊赖，要么是半夜了还有人捧着手机对着剧情傻傻大笑。不少人会不眠不休地在电脑上玩游戏，精神抖擞，但衣服懒得洗，鞋子懒得刷，卫生懒得搞，饭也懒得吃，甚至洗澡都没时间。

我去过一些男生寝室，一进去就异味扑鼻，令人作呕，但满寝室的人却自得其乐，正所谓"如入鲍鱼之肆，久而不闻其臭"。

我在大一的时候，对电脑基本不熟悉，打字都不会，却先学会了玩电脑游戏。在学校里学玩电脑游戏是最容易的事情，因为那些"游戏先辈们"会"很友好"地调教你（我很奇怪，他们对别的事情没有耐心，教人玩游戏却很有耐心）。

大学里，我玩了各式各样复杂的或者简单的游戏，从"星际争霸"到"反恐"再到"魔兽"，从"连连看"到"升级"到"联众象棋"，如果论"戏龄"长短排辈分，我也算游戏界的骨灰级人物了。

在当年那些游戏里，我最喜欢"星际争霸"。刚开始的时候，我们寝室一哥儿们最上瘾，经常把寝室的其他七个男生叫出去玩，八个人刚好分成两队进行PK。每次只要我们在，网吧就会人声鼎沸、嘈杂无比，因为我们经常激动地彼此呼唤和叫喊，以便统一"进攻"时间和战略、战术、步骤。我们每次游戏结束从网吧出来，一路上还会兴奋地交流经验，探讨改进技术，评论并挖苦那个技术上"最菜的菜鸟"，气氛热烈之程度，让我们觉得游戏是世界上最快乐的事情。

但我毕竟不是一个没有上进心的人，每次从游戏中获得快乐之后，都会陷入深深的自责当中。当我游戏回来看到别人自习回来时，当爸爸汇款过来时，当与家人通完电话时，当我看到别人在演讲赛上意气风发时，我都难受得想死，那时候我只有一个念头——我不能再玩了。

有无数次，我不敢待在寝室，因为我怕听到室友们那充满诱惑的讨论游戏的声音，于是我会早早地跑去自习室看书。但还没看几页书，就会有室友打电话过来，在他们的极力怂恿下，我基本每次都无法"抗拒"。有时候为了避免被他们诱惑，我会在自习前关掉手机。但我的心是痒的，"哀莫大于心没死"，我不由自主地猜测我的队友们现在是什么样子，我想象如果他们缺少了我会输得多么的"凄惨"，我会想着我们曾经的配合是多么默契，慢慢地我又沉浸于游戏的快感中。于是，过不了多久我就会开机，"热切"地期待着我的"战友们"call我。

其实在大学里，我们那群"战友"都没什么钱，但是为了玩游戏，我们会东拼西凑，我们会"同舟共济"。原本并不富裕的人，也会豪爽地借钱给彼此玩游戏。我们还会"省吃俭用"，原本一天三顿，我们可以节省为一天两顿甚至一顿。你可能会觉得我们会经常挨饿，事实上我们感觉不到饿，因为"游戏是可以当饭吃的"。当然这句话你不会相信，但事实确实如此。一个人处在亢奋状态时，食欲就会减弱，当然身体会随之消瘦，眼睛会随之深陷，胡子会随之变长。

大一时我基本就在游戏的诱惑与良心的拷问中挣扎着。后来我慢慢发现，原来玩游戏的人并不都是颓废堕落，也不尽是空虚和寂寞，比如我，我自始至终都认为自己是一个极富上进心的人，我玩游戏纯粹是为了逃避现实，因为我在现实中达不到我想要的状态；也是为了追求胜利和完美，因为我很享受在游戏中战胜别人的感觉，所以我每局游戏都会全力以赴，并且尽量保证不出现任何失误,就算输了我也会玩到将败局扳回为止。

不过,好在大二的时候培养了一个新的兴趣——打篮球,对游戏的兴趣少了一些。到了大三,因为准备考研,玩游戏的时间进一步压缩。

读研之前,我满以为我的"游戏情缘"将告一段落,因为我将步入传说中的"学术殿堂"。但是在读研究生的时候,我惊异地发现,其实那些研究生跟我们本科生的生活是差不多的,都是"该干吗干吗":有依旧做着公务员梦的,有依旧睡懒觉的,有依旧炒股的,有依旧看碟看片的,有依旧整日玩各种电脑游戏的。

我们寝室的四个人中,有位大龄哥哥(他不是直接从大学来读研的,而是在中学教了七八年书之后才来读研),也许是年龄的优势,这位大龄哥哥很有号召力,我们把他称为"带头大哥"。

也许是代沟的原因,"带头大哥"不喜欢玩"星际争霸"这类80后、90后的游戏,他只喜欢在网上用QQ或者联众下象棋。我原本对象棋不感兴趣,因为我讨厌这种没有激情的游戏。但"带头大哥"经常邀请我下棋,邀请的次数多了,我也不好意思拒绝,于是经常跟他切磋技艺。不巧的是,我几乎每次都被他蹂躏,输了之后我便打了鸡血似的邀请他再玩。有时候为了提高技艺以打败"带头大哥",我会邀请我们寝室那位一心只读圣贤书的"未来教授"(因为他每天都待在图书馆看书)来练手,他也经不起我的诱惑,经常跟我切磋一下,不过他不是我的对手,所以经常被我蹂躏。这时候我就很有成就感,那种感觉,有点像阿Q欺负了小尼姑。

这也许就是游戏的传染途径:一个人总要拉上另外一个人作为对手。

在读研的三年里,我虽然没有游戏上瘾,但还是为此浪费了一定的时间。每次玩完之后都有无限的愧疚感,每次都告诉自己"这是最后一次了",并且每次都狠心地将游戏从电脑里删除,心想"眼不见心不烦"了。但事实上,只要别人一邀请,我就会忍不住想偶尔"放松"一下,于是重装游戏,"放松"了一下又一下。

真正与游戏"绝缘",是在工作之后。

不管在哪家公司,都是"牛人"如云,跟他们待在一起,就立刻能感受到竞争的气氛和生存的压力,同时也被他们拼命的状态所感染,于是自己也就不自觉地努力起来。

后来,我总结出几条避免颓废、堕落的有效方法,当然包括但不限于用来避免沉溺于电脑游戏。

第一,环境很重要。

虽然这个话题是老生常谈,但大部分人依然不会应用。

从小遭受家庭暴力的孩子,要么性格偏激,要么性格胆小内向,甚至对生活都不热爱。这就是家庭环境的影响。

如果不幸遇到几个颓废的室友,几乎很难有人不被影响:随大流是对自己不负责,不随大流又怕被孤立。至于传说中整个宿舍全体考上研究生的那种事情,也不是不存在,但只能说明,他们宿舍环境氛围很好——上进的人都是彼此带动上进的,颓废的人也是彼此感染颓废的。

如果你实在缺乏自制力,那就换个环境吧。

2018年我收到一封学生的邮件,信里也讲了自己走出颓废的经历,总结起来,不是自己的毅力多么强大,仅仅是换了个新环境。

信件部分内容如下:

> 我大学有两年半过得非常腐朽堕落:逃课、上网打游戏、看小说,无所不做。那时候,玩游戏玩得入迷,经常不吃饭。虽然不至于猝死(我经常在网上看到有人因为玩了几天几夜的游戏没合眼而猝死在网吧的消息),但精力严重涣散。在这种情况下,挂科就经常发生了。
>
> 我也并不是没有良知,也经常会隔三岔五地自责,经常删游戏,然后再安装,再删再装,如此循环重复着。

直到大三下学期，准备考研了，很想考北大，虽然我不清楚为什么要考北大，但考北大的目标，使自己做事特别有激情，感觉真的活过来了似的。但是，如你书里所写，身边有很多麻雀，就是那种喜欢嘲笑别人梦想的人。我的一个室友就是这样，老是嘲笑我。所以我假装自己考武大（我是武汉人），这就没人说我做梦或癞蛤蟆想吃天鹅肉了。接下来，一个人复习得很自在。但第一年由于种种原因，我没考上，于是决定再考（现在想来，还是缺乏理性的思考）。因为讨厌学校的颓废氛围，拍了毕业照后立马像逃离监狱似的直奔北京，毕业证都差点没拿到。

来到北京后，租住在北大周边，结识了一批考相同专业的人，大家一起复习，人都不错，资料都共享，相互竞争并学习着。当时真的蛮努力，每天从早上七点学习到晚上十一点还舍不得睡觉，大家都是这样。这让我感受到，环境真的可以决定一个人的状态……

说到这里，孟母三迁的故事有必要重温一下。

《三字经》里说："昔孟母，择邻处。"孟子小时候，居住的地方离墓地很近，孟子学了些祭拜之类的事，玩起办理丧事的游戏。他的母亲说："这个地方不适合孩子居住。"于是将家搬到集市旁，孟子又学了些做买卖和屠杀的游戏。母亲又想："这个地方还是不适合孩子居住。"又将家搬到学宫旁边，孟子学会了在朝廷上鞠躬行礼及进退的礼节。孟母说："这才是孩子居住的地方。"就在这里定居下来了。等孟子长大成人后，学成六艺，获得大儒的名望。

第二，与上进的人做朋友。

这一条和第一条相似，因为环境氛围才是改变一个人的最重要的东西。

大部分人都是凡夫俗子,没有传说中那么伟大的毅力,不可避免地会被身边的人影响。所以,避免堕落的最好办法,是不要跟堕落的人待在一起。

除此之外,删游戏、自责、愧疚、发誓、写后悔书等手段,甚至用什么"目标和梦想"来激励自己,基本上都是"治标不治本"。

有一个很真实的例子:一年五一节的时候,一个学生参加了"软实力教育"的三天商业思维学习活动,结束时他跟我说,他已经三天没抽烟了,之前一个小时不抽烟都做不到。我问他为什么能坚持三天不抽烟,他的回答很简单:"因为身边的人都不抽,所以我不好意思自己一个人抽。"这就是氛围的力量。

还有很多人跟我说他要改变性格,但是咨询了很多心理咨询师也没有用。我跟他说,其实要改变自己性格的最好办法是:想变成快乐的人,就跟快乐的人在一起;想变成幽默的人,就跟幽默的人在一起;想变成有思想的人,就跟有思想的人待在一起。就这么简单,这就是氛围的力量。

现在你应该能充分理解,为什么有些寝室的人全都找不到工作,而有些寝室的人全体考上研究生了。

第三,用健康的兴趣爱好去取代那些"不健康"的兴趣爱好。

希望那些还在与游戏抗争的兄弟姐妹们,可以尝试培养其他的兴趣爱好,不要求你非得有博览群书这样的兴趣爱好,但你可以尝试唱歌、跳舞、打球、旅行等。

第四,避免堕落还有很实用的一招:做一些强迫性的事情。

以前我很相信"毅力可以攻克一切"这样的说法,但经历了很多事情之后,我认为大部分人并没有这么强大的自觉性,大部分人都需要被"逼迫"着才能做好一件事情。所以我觉得,课前"点名"是很有必要的,不然很多人会睡到中午十二点才吃早饭。

我个人对此也深有感触。比如我要召开一个公司会议,如果我这样发布信息:"今晚要召开一个市场部会议,有空的可以参加",结果肯定是很多人没空；如果我这样说："今晚要召开一个市场部会议，公司将对出勤进行严格考核"，那就会好很多。

我自己也经常需要"被逼迫"做一些事情，比如我会因为忙于各种各样的事情而疏于备课、疏于做计划，甚至睡懒觉。但在以下几种情况下，我绝对不会"疏于备课、疏于做计划，甚至睡懒觉"：第二天早上8点我要给学生上课，或者第二天早会时市场部的人要问我他的目标是什么。因为这是一些"不得不做"、带有强迫性的事情，所以我都会准时完成。我总不能让学生在那里等着，总不能对下属说"我不知道你的目标是什么"，这就是强迫的力量。

很多学生喜欢在最后期限才交作业，也是这个道理：一方面，他们最终交了作业，这就是强制性的好处；另一方面，他们在最后期限才交，这就是人的拖延习惯。

投资人吴世春先生有一个减肥的故事：之前怎么减也没坚持下来，有一次，他和朋友打起了一个赌——彼此设定一个瘦身任务，并在规定时间内完成，不然就有一个不小的赌注，吴世春给自己定的目标是在60天内减重25公斤。看似玩笑般的赌约，却立即唤起了他"紧咬目标，使命必达"的狼性，最后如期减肥成功。

后来他在总结这段经历时说，不要高估自己的意志力，也不要低估外部的驱动力，人有时候是需要外部驱动力的。

这一点，我在多年的职业生涯里也深有感触。为什么有些有钱的人也在努力地工作？除了工作带来的成就感，还有一种原因是，按时上下班会让人生活得更有规律。而有些没有工作的人，因为没有外部驱动力，每天该睡不睡、该起不起，整个人立马就陷入了一团糟的状态。

所以，对于那些自制力不足、毅力不足、身边环境氛围不好的人来说，通过参加一些组织（当然是正规的、健康的组织），让别人来"强迫"自己做一些事情，也不失为一个防止堕落的办法。

15. 不努力，是因为还不知道什么叫生活

有一个哥儿们，做律师已经十年了，虽然风里来雨里去很辛苦，但如愿开了自己的律师事务所。他是软实力的受益者。他大一就开始学习软实力，一直持续到毕业。在我们"软实力"的积极影响下，他的大学生活没有颓废、没有所谓的迷茫，该当的干部当了，该拿的证书拿了，该折腾的能力也折腾出很多，不论软实力还是硬实力，他似乎没有落下一点。我称他为"律师哥哥"。

正因为如此，"律师哥哥"把他的亲弟弟、表妹妹，都送到了"软实力"来学习。

我要说的是，他一个弟弟的问题。

他弟弟比他小 10 多岁，十五六岁，帅帅的。在我看来，唯一不足的是，似乎没有他哥哥那么努力和上进。他虽然也在听课、参加活动，但总是不能全力以赴，偶尔还会闹点小情绪，不来上课，赖在宿舍里睡懒觉。至于"把妹"，那是常有的事情。

他的律师哥哥是真关心他，不仅给他报名、交学费，而且每年寒暑假都会来问："'软实力'还有什么课适合他的?""'软实力'又有新课程了吗?"

"律师哥哥"总是说，这孩子小，寒暑假闲着也是闲着，又担心他学坏，所以总想送到"软实力"来接受熏陶。

几年下来，我跟"律师哥哥"说："你是我见过对弟弟最负责任的哥哥，但你弟弟把我们'软实力'的课程都上得差不多了，但他似乎依然有点玩世不恭。这样吧，我觉得他现在缺的不是学习，而是对生活的感知。如果你真想让他成长，就不要把他保护得太好，应该让他去感受真实的社会、真实的人情冷暖、真实的世态炎凉、真实的残酷竞争。或许，当他明

白生活的不易之后，学习会更有动力。"

"律师哥哥"是我十多年前的学生，采纳了我的建议。2018年暑假，他果断地把弟弟送到律师事务所打杂，做了一个小跟班。

我为什么要给他这样的建议？一个人如果虚心上进，我可以教他；一个人如果玩世不恭，那就应该先去体验生活。当一个人明白了生活的不易，才会从自己的内心深处产生真正的学习动力。

我一直觉得生活不易，所以一直很努力。从小到大，我学习从来不要父母叮嘱、看管、督促，所有的一切都是自觉进行。我觉得这样的父母是成功的。

而体会生活的不易，源于我对生活的体验和观察。一个人，不管他看起来是凄凄惨惨，还是快快乐乐，我都知道，那后面都有一段属于他自己的故事。一路走来，我看过很多真实的故事，体验过很多不同的场景，对很多人的生活状态都有所了解，并且对他们的感受有着很深的感受。

因为我知道很多人都过得不容易，所以推人及己，自己也变得清醒和真实起来。有时候我会想，我一直没有被这个光怪陆离的社会"污染"成一个得过且过、混日子的人，很大程度上是因为我知道别人怎么活着、自己应该怎么活着。

出去散步，要穿过一条地下通道。街道两边高楼林立，灯红酒绿，狭窄的地下通道里挤满了小摊小贩，人声嘈杂。我经常看到地下通道的台阶上蹲着几个卖菜的老人，年龄约六七十岁。他们面前的菜不多，也没什么特色，就是些农家常有的萝卜、白菜之类。他们没有地方坐，就靠着墙，蹲在菜后面，缩成一团。我仔细观察了多次，发现很少有人买他们的菜，因为周围不到五十米的地方就有大超市和菜市场。大约从上午7点钟开始，他们就小心翼翼地把菜从篮里摆出来，一直蹲守到晚上七八点，再把没卖完的蔬菜小心翼翼地收回菜篮。

那些蜷缩在冰冷的地下通道里木然地注视着往来行人的形象、很少有人问津的买卖场面，加上一天下来被晒蔫了的蔬菜，恰似他们枯瘦的骨架、黧黑的皮肤、沟壑纵横的面孔，总是让我感慨万千。他们那一筐菜即使全卖了，估计也卖不到几块钱，但他们每天都这么耐心地卖着，消耗着干枯的生命。

这些场景，总让我觉得他们生活真的不容易。我有随身携带相机的习惯，拍了很多冬夜迎风卖烧烤的夜宵摊主，拍了很多蹲成一圈从地上的碗里夹菜吃的建筑民工，拍了一些农民因带着很多破旧家当上公交车而被司机呵斥的场景。我拍这些东西，是因为我觉得这样的场面让我明白什么叫生活。

有一天我收到中医药大学学生小强的邮件，其中一段说道：

> 我家在农村，父亲患有癌症，已有八年了。哥哥和我一样，都在读大学。父亲很努力，意志也很坚强，他一直是我的榜样。以前我认为学习能改变命运，为了回报父亲，我不停地努力学习。在中学，我是我们班最努力的学生。但在高三时，压力很大，我心态很糟糕，高考没有考好，但我不想再花费一年的时间去复读，因为我不能让父亲等我很久。我想减轻父亲癌症的痛苦，于是我选择了学医，报考了临床医学。到了大学，我对专业有了一定的了解，才发现以前的选择是多么的幼稚，我意识到扼杀父亲健康的真正凶手并不是癌症，而是没有钱。医学本科是五年，读研比一般硕士又多一年，昂贵的学费已让父母不堪重负，这么漫长的学习时间，我不知道父亲能不能等到我成功的那一天。

上面就是一个学生、甚至是一个家庭的真实生活。

世界上有那么一类人，一直在顽强地改变着自己的命运，他们的奋斗让我们动容。我在想，如果爱攀比、图虚荣的人看了这段话，不知做何感想。我也知道，很多人之所以一直都没有幸福感，是因为他们没有感恩的心。

还有一个学生给我发了一封这样的邮件：

> 我们的哲学老师很矮，人到中年，还有点发福，像极了汤圆。他很喜欢在课堂上讲一些自己的辉煌史，讲他们那个年代的事，他也很喜欢发牢骚。人大抵都是这样，在自己毫无建树且不得志的中晚年，就会处在低落期，容易抱怨生活、抱怨工作。
>
> 但是，也并非所有的抱怨都不值得听，像今天，我就听得很认真。他告诉我们，其实他上课也没有激情，就如我们听他讲课一样。他在这个学校已经 11 年了，可职位不高，工资也很低，他说他拿着农民工的工资做着副教授的工作，但为了养家糊口也没有办法。他曾经找过别的工作，可因外貌屡受打击。他说他压力很大，其实他不想接课，因为不想害我们，可是生活所迫啊！他说学校很黑，整个大环境都是如此，他还举了一些我们学校的例子。

在这封邮件的后面，这位学生还说了她的感想：

> 老师的遭遇和他的这些话真的很值得我们深思。我们也即将走向工作岗位，而现在的我们又有些什么呢？拿什么去面对那些即将到来的压力？如果我们也像这位老师一样无力而被动地生活，是不是到他这个年龄也会变得和他一样爱抱怨、爱回忆？

这也是生活的不易，尤其是当一个人长期习惯了某种工作技能，想改变生活却无力的时候，那种感觉真的很糟糕。

如果你真的意识到很多人都在不容易地生活着，你就不会捂着鼻子对农民工说话，你也不会在服务员面前粗声大气地装大爷，你也不会在贫困的同学面前肤浅地摆谱炫耀，你也不会总向父母要钱讨债，你更加不会去攀比跟风，你会活得很真实——因为你知道自己是个什么人，也知道生活的本质是什么。

那些缺乏动力的人，真应该跟你父母生活一段时间。跟父母生活不是待在家里让他们伺候你，而是与他们一起劳作打拼，看看他们的劳作环境，看看他们的汗水泪水，看看他们忧愁什么焦虑什么，看看他们是怎么节衣缩食的，看看他们是怎么忍受别人白眼的……

三、来信问答：大学迷茫

> 你自的不是习，是寂寞。为什么我的专业证书和荣誉证书在用人单位那里形同废纸？怎么选择适合自己的土壤？要做擅长的事，而不是做看起来"最有前途的事"。没有证据的兴趣都是伪兴趣，大学多试错，毕业后才能少跳槽。不喜欢专业怎么办？

1. 我的大学为什么这么痛苦？

一个叫朱朱的大三女生在 QQ 上给我留言："老师，大学太痛苦了，简直生不如死啊！"

"大学痛苦"者众矣，然"生不如死"者鲜矣。痛苦如此，当尽快处理。

然而扫描了她的问题之后，我就随手回了一句："你的问题不是三言两语能解答清楚的，我一有时间就给你解答。"

本以为她会怪我怠慢，但她的回答是："老师你工作太忙太累，不用急着回我的问题啦！等你哪天有时间和心情了，再回复也一样！"

很多人问问题要么没个开头，要么没个结尾，很多基本的礼节都不懂。我虽然不拘小节，但心里多少会有点不舒服。这个女孩能这样换位思考，我觉得很温馨，于是彻夜不眠来解决她的问题。

以下是她的问题：

我想请教您，您上大学的时候，学习的原动力是什么？是什么信念让您在这个这么容易堕落的环境中不堕落的？怎么克服惰性？怎么提高自制力？怎么不受环境氛围的影响？

怎么让内心平静地去看书？怎么让自己自觉、不觉得委屈、不觉得难过、不觉得痛苦地去读书？

人们常说，青春应该精彩多姿，可是学习生涯注定是孤独的，会错过很多精彩的时刻；人生的意义本来就在于快乐，而选择了学海，每天只与书本做伴，这样压抑的人生就有意义吗？

我每天的计划都没完成，每天都很自责、很自责！我每天都想明天一起床就是个全新的自己，可第二天还是昨天那个自己！太痛苦了！

我要让我父母过上好日子！我一回家，看到父母为了我的学业卖命地干苦活，就觉得特对不住他们，就发誓一定要怎样怎样！可是一回到学校这种自由散漫的环境，我就又沉不下心来、不甘于学习的孤独了，意志太不坚定了！

我一看书，就昏昏欲睡，萎靡不振，眼眶湿润。怎样才能每天精力充沛地搞学习呢？我实在是晚上睡足了啊！

老师，还有最后一个问题：你觉得良好的人际关系是静心学习的前提吗？我要是友情上出点问题，就会觉得自己做人好失败，就根本无法专心学习。把友情看得太重对不对？大学里面，到底是搞好学习第一，还是搞好人际关系第一？还有，孤独可怕吗？

老师，你看我这样子，还有得救没？

老师，很多问题，我真的很迷惑，身边也没有有能力开导我的朋友,不知道向谁去请教这些青春的困惑!如果我以后再有问题,还可以继续请教你不?

老师,你一定要救救我!我要过四级,我要过"注会"(注册会计师)!青春就那么短,实现梦想的时间那么长!我还要救我父母啊!

言之真诚,辞之恳切,让我看到一位女孩的青春花瓣正在被孤独、迷茫、痛苦等"七星瓢虫"慢慢吞噬。确实,学习、出路、家庭、友情、现在、未来、心理、生活,全方位出现溃堤的时候,怎么会不心急如焚、备受煎熬呢?

这是千百万大学生面临的问题的一个缩影。多少觉醒了的人在与迷茫、压抑、孤独、无助殊死搏斗?又有多少混沌未开的人放弃挣扎,随波逐流,今朝有酒今朝醉,明日工作明日愁?

不过,这位朱朱是渴望上进和摆脱梦魇的。"心若在,梦就在。"心还活着,这就是希望所在。剩下的,只是思想观念和方法的问题。

看完这些问题之后,我当即在QQ上回复了她:

我不可能逐一给你解答问题,就像医生不能头疼医头、脚疼医脚一样,否则我治好了一个症状,又会出现两个症状,你还是不知所措。

你的问题虽然看似五花八门、千疮百孔、一团乱麻、毫无头绪,其实根本问题只有四点。

第一,你最大的问题,是没有软实力的观念。你一直重视书本,重视自习,重视成绩,即使到了现在面临崩溃的地步,你还念念不忘那个四级和"注会"。你从来就没重视过软实力,你从来就没花心思在你的人际关系上,从来就没花心思在你的心态调整上。

结果呢?你因为人际关系不好,所以心神不宁,看书看不进去;你因为人际关系不好,所以坐在教室里也是白搭,因为你"自的不是习,是寂寞"；因为你人际关系不好，所以你只能一个人孤独地去自习。其实，就算再怎么堕落的学校，也总能找到一些上进的人，你可以和他们摩擦取暖、相濡以沫、互相鼓励，从而产生力量。

你所有的问题，都在于你把一切心思放在考试上，而认为其他所有的事情都是浪费时间，都是"不务正业"，所以直接结果就是慢慢走向崩溃。因为人毕竟不是一个考试机器，还有对快乐生活的追求。如果你不改变你的人际关系，如果你不提高做人的能力，不仅学习没效率、生活不快乐，就算通过那些考试，未来也不会有太大的出息。

第二，你的学习观念严重落伍。你虽然读了这么久的书，但并不知道学习是什么。你说学习就是"每天只与书本做伴"，所以孤独、压抑，这就意味着，在你的观念里面，只有看书才是学习，只有自习才是学习。而我早就采用了很多种学习方式，比如经常听别人的讲座，比如经常参加各种聚会和沙龙，比如经常参加校外一些有意义的培训，比如经常跟一些行业里的前辈交流，比如看一些视频，比如读一些专业性很强的杂志，比如利用假期去一些单位实习。

中国大学生有一个很大的思维误区是"努力＝自习""学习＝读书"——一提到努力就是我要多去自习，一提到学习就是我要多读书，这是有点"白痴"的思维方式。

努力方式因目标不同而不同，自习只是努力的表现形式之一。

学习方式也因目标不同而不同，读书只是学习的方式之一。

举个例子，如果你想学会游泳，光读书是没用的；如果你想创办一家企业，光自习也是没用的。这就是要根据你的目标来确定你努力方式的原因。

第三，你之所以这么痛苦，是因为你还没有找到你的职业兴趣，也没有形成你的事业目标，所以你觉得看书是痛苦的事情。据我所知，一个人如果找到了自己的职业兴趣并为之奋斗的时候，是充满快乐的。我知道巴菲特会跳着舞去上班，你会跳着舞去自习吗？这是他成功了而你没成功的原因。我本人也非常喜欢看书，基本上是每周几本书；我几乎每天都工作到夜里十一二点才会下班，因为我热爱学习、热爱工作。

对于一个目标都没有明确的人来说，最重要的不是天天为了自习和读书而痛苦地拼命，最重要的是通过大量接触社会、多长见识，找到自己的兴趣爱好，再为之快乐地拼命。所以我经常说，那些大一就决定要考研的人，不一定就很聪明。

我经常强调，大学要分为两个阶段：大一大二要什么都做做、都听听、都看看，尽量找到自己的职业兴趣和目标；大三大四就要为自己的职业目标而努力了，该考研的考研，该就业的就业，该干吗干吗，而不是傻乎乎地跟风。

当你目标明确的时候，就算你一个人努力前行，也不会觉得孤独，因为你明白了自己努力的价值，而不是像现在这样，以别人为轴心来旋转，轻易被别人的言行所冲击。我经常说，世间本没有孤独，只有宁静。孤独的原因，是因为你不知道宁静的价值。

第四，你现在最重要的是找到上进的氛围，找一帮上进的朋友，好好地快乐一下（不是那种颓废的快乐），然后快乐地去努力。这样你会发现，原来快乐也不会颓废，读书也不会孤独。当然，如果你找不到这样的氛围，我可以给你介绍一帮非常上进的"软实力"学员，让你深刻地感受到"一个人可以走得更快，但一群人可以走得更远"这句话的真谛。

2. 我找工作为什么这么痛苦？

有一天，一个女生来到我办公室问我："老师，我的专业证书和荣誉证书一大堆，可是，但在用人单位那里形同废纸，他们根本不'叼'我一眼，我不知道我哪儿出了问题。文凭和证书为什么不值钱了？"

这个女生名叫朱朱，曾因"大学痛苦"问题咨询过我一次。好久未见,想不到她现在已经大学毕业了。毕业后找工作半年了,还是没有着落。

她说自己的证书一大堆,于是我问她:"你到底有些什么证书?"

朱朱说:"我考了助理会计师职称、会计资格从业证、高级涉外秘书职称,在校专业考试总成绩位列班级前三、年级前十五,大二获国家一等助学金,大三获国家励志奖学金、校一等奖学金、校三好学生、'五四'优秀团员干部。你知道吗?有些同学什么都没有,却签了很好的公司,我就没人要啊!我的证书也比别人高几个级别啊,这是怎么回事?"

我说:"问题其实很简单,你以为证书和文凭很值钱,可以凭着这些东西闯社会,这些想法是你爷爷辈的观念。现在的用人单位很现实,他们不会给你的文凭证书发工资,只愿意给你的能力发工资。为什么这么说呢?以前是计划经济,招聘单位要撑门面,所以看重学历证书。只要你把文凭证书送出去,几乎不用面试就能砸开单位的门。现在是市场经济,招聘单位要生存、要赢利,所以文凭证书不够用,毕竟别人不是要你来背书拿文凭、考试拿证书的,是要你来干活赚钱的。所以,他们要面试。而在面试的时候,如果他们看重的某些能力你不具备,那么你的文凭证书就有可能形同垃圾。"

朱朱似懂非懂,眨巴着眼睛问:"那我现在怎么办呢?"

我没有回答,继续问她:"你认为自己求职半年都没有找到工作,原因是什么呢?"

朱朱说:"我分析的原因是,我不会'策'('策'是长沙话,说话的意思),面试的时候,我太文静,他们需要自信阳光、善于沟通、能说会道,这个赛过了专业成绩。比如现在的面试都是小组讨论,讨论的根本不是专业问题,而是一些随机应变的问题,我就是在这种场合下被淹没的。现在很重视考察综合能力。我只会说做过准备的话题,如果我没准备,就没话说,头脑是空白的。碰到一个没有准备过的问题,我就没词了,而别人逻辑思维都很强。"

我说:"你分析得很对,你的不会'策'、你的不会说、你的不会随机应变、你的不会小组讨论,就是我所说的软实力——表达的能力、思维的能力、沟通的能力、交际的能力、给企业创造价值的能力、给企业赚钱的能力。大学里没人给你考试这东西,但企业却很关注,毕竟分数高不能代表全部,企业招你过来,不是让你来背书的。"

这时朱朱似乎找到了自己失败的症结,神色黯然下来。她垂下眼睛说:"说实话,我没有参加过这种小组讨论,我连进小组讨论的资格也没有,简历就直接被Pass了,太伤人了。小组讨论都是些公司案例,每次听他们说有小组讨论,我就吓得要死。"

"所以,"我问,"你知道你缺什么了吗?"

"勇气?"朱朱反问。

"笨蛋,"我严肃起来,"你怎么会缺乏勇气呢?你刚才不是说,最近你每天东奔西跑,有时还会跑到一些公司里面去死缠烂打,要求他们给你面试机会吗?"

"那我缺乏什么?"

我一听就晕了,因为又回到了谈话的原点,于是我只好再次提醒她:"刚才你自己不是已经分析出来了吗?就是人家嫌你不够阳光自信啊、嫌你不会'策'啊、嫌你不太会沟通啊、嫌你知识面不够、嫌你不够灵活啊!而很多公司用人不仅需要专业技能扎实,而且需要形象气质俱佳,需要沟通表达能力强,需要创意十足,需要经验丰富啊!如果你不信,可以去看看外面的招聘广告,他们哪个不强调这一点呢?如果你能把这些补上来,你就很完美啦!"

之后,她在父母的支持下,参加了"软实力"的沟通表达课,然后在一个月内就找到了工作。从她第一次咨询我,到她找到第一份工作,我对她进行了一年半的成长跟踪,进行了七八次交流,基本上每次交流我都写成了文章，发表在我的博客里，本书只是辑录了一些片段。

朱朱是一个很有代表性的传统"三好学生"，很上进、很努力，但会经常犯一些思想观念上的错误，导致她读大学和找工作都不顺畅。她第一次上"软实力"讲台时双手颤抖、身体哆嗦，台下学生无不为之动容。而结课后，她妈妈都感叹："天啊，这是我的女儿吗？太难以置信了！"

我知道，朱朱成功了，自己也成功了。

3. 一个优秀的人是如何怀疑自己的？

这是一封让我很有感触的邮件。在我看来，这个女生是优秀的，但就是这么一个人，她却在大学里竞选失败，甚至有点格格不入，最后陷入自我怀疑当中。内容如下：

老师，您好！

当我在打下老师这个称呼时，我在纠结要不要在前面加上一个类似于"尊敬的"的称谓。但转念，还是免去了，觉得那不免拉开了与您的距离。

我很庆幸，能在今天读到你的书——在我自己觉得很无助、很困惑、开始质疑自己，并一个人蜷缩在角落里默默流了很多泪的今天。

在图书馆，我邂逅了这本书：独特的名字、封面上的语录，让我没看里面的内容就选择了它。然后，花了大半个下午的时间，边看边回忆这么多年来自己走过的一幕幕。

首先，我介绍一下现阶段的自己：来自农村，女生，20岁，现就读于中部某重本大学，生物科学专业（免费师范生）。平常过着不温不火的生活，拿着不多不少的奖学金，一直做着两份家教，加上每个月600多元的免费师范生补贴，经济上基本可以独立，偶尔还能给父母买买衣服或邀朋友小聚。在别人看来很有主见，性格开朗，人长得也不赖，再加上性格像个男孩子，甚至可以在酒桌上拼酒，可以活跃气氛，很多人说我情商很高。

所以，一直以来，混得还算可以。

但我现在的一切，都不是自己想要的，或者说，离我想要的相差甚远。

一个普通的农家有两个大学生，这对我的父母来说，是荣耀，也是压力。但他们真的很棒，在我们读书的这些年间，还让家里的日子尽量过得和别人家基本一样。但过度的劳累早已让还未满 50 岁的他们看上去饱经沧桑。我对自己发誓，一定要改变我们家如此艰辛的生活。

与所有农村孩子一样，我从小就学会了所有生存的必需技能：做饭、洗衣、买东西、上学放学、登记注册、拿主意、做决定……

在我眼里，这些本就是天经地义该自己做的事情。

所以，来到大学，当室友逛街遇到一双她喜欢的鞋子，她说要先拍一张照片给她妈妈看看并由她妈妈决定买不买的时候；当大家一起去农家乐，很多女孩子问，煮饭时，米和水该先放哪一个的时候；当宿舍里有一只蟑螂，室友吓得扑过来，要我关上门去消灭的时候；当我发完第一次传单回来，她们发出各种冷讽热嘲的时候；当我选择看一场 NBA，而不是和她们看虚无缥缈的偶像剧的时候……她们表现出来的种种诧异，让我的价值观开始分崩离析。

我有时都质疑自己：能不能也像个女孩子一样生活？

可生活环境总是容易带给我们很多不同的看问题的角度和方法，而且从小形成的习惯也不是说改就能改的。

其实，真正困扰我的问题，不在于别人对自己个性的质疑，而是：当我看到买个衣服都要妈妈决定的人，站在竞选台上各种信誓旦旦的承诺，进了院学生会，当了某个部门的部长时；当我看到洗个衣服都嫌伤手的女生，旁边不缺各类男神的时候；当我看到平时说话都会脸红，大学里考个体育都会担心影响学分的学霸，找辅导员谈话后，顺利进入年级学科部成了学生干部时……我心里，尽是说不出的滋味。

我承认学生干部里确有很多优秀的人，但看到身边的这些人都可以入选时，我便再没有站上过那个竞选台。可是，别人会说：你读大学四年不做做学生工作，真的不遗憾吗？你到底在怕什么？你有这个能力去做好这个事情呀！

我不喜欢趋炎附势，来自质朴的乡村，身上有很多我不敢说是好但属于乡土的纯朴。

辅导员是个美女，总是教导我们要争优争先，总是说你做了什么一定要留下证据。因为，你将来还要参加各种评比。

比如，你去了敬老院，要学会拍照；你参加某次公益活动，一定要拿到签章……

她说，要积极地参加各种可以拿到证书的活动。即使你没有取得成绩，你也有话可说。

也许，她的嘱咐也是她走到今天的法宝，但我就是不喜欢。

最近一次，她问我："你觉得赚钱真的这么重要吗？你不参加学生工作、不参加勤工助学积极分子竞选，到时候你怎么评三好？你觉得是你现在赚点生活费重要还是拿个三好，以后好找工作重要？"

我回答："老师，可能每个人都有自己的出发点吧……"

但我没说：并不是每个人，都可以心安理得地享受大学生活。当我为了生存而一周几次坐一个多小时的公交，去赚辅导员所谓的不值一提的几百块钱时，至少我的父母，可以不用再那么艰辛。

然而，终究抵不过所谓的学生工作的诱惑。

今天，我终于站上了那个竞选台。四进二，只是，我没想到自己会落选。

将近两年了，我才知道，我的这张面孔在同学面前很陌生。我有能力去做好这个工作，但我不会把自己从小到大的光荣事迹一一细数；我有信心去做好，但我不会用华丽的辞藻去信誓旦旦地许下承诺；我有责任心去尽心尽力，但我说不出"我保证以后全心全意为你们服务"这样虚无的话语。

所以，我失败了。

所以，老师，我有一个困惑：为什么有些人生活中处于"买个鞋子都要妈妈决定"的没"断奶"的阶段，但竞选时可以说出那么冠冕堂皇、信誓旦旦的话？为什么有些人花着父母的钱，每天光鲜亮丽，遇到一点问题就哭得梨花带雨，可照样有人疼、有人爱，她们顺应父母师长的叮嘱，去努力地讨好需要讨好的人，去拿各种证书，有机会到学生工作平台上锻炼自己？

我呢，这一年多来，我又得到了什么？如我一开始所说，确实取得了一点点的成绩。但这些，都不是我真正想要的。我想让自己变得更好，我想让自己能够在解决经济问题的同时，还可以让身边的人刮目相看。我想终会有一天，当我站上那个竞选的舞台时，不用我说什么违心的话，别人就能认可我的能力。我确实想去努力做些什么，可是，老师，我又能做什么？

我的回复:

你迷茫的原因就两个:你不知道有哪些土壤类型;你不知道自己是谁。

先说土壤类型。你在农村待过,而且是学生物科学的,你应该知道,不同的植物适合不同的土壤。换句话说,在同样一片土壤里,有些植物就活得很好,而另外一些植物可能就活不下去。

在社会中,高校是一片土壤,学生会是一片土壤,政界是一片土壤,商界是一片土壤,制造业和互联网行业又是不同的土壤,甚至不同的企业都是不同的土壤……总之,社会也是由无数片土壤构成的。

你的辅导员,鼓励你"要参加有证书的活动、去敬老院要拍照保存、要努力拿个三好……"那是因为她生活在高校这片土壤里,这里的有些评选可能讲究积累活动证据、积攒资历。而她可能也是这套路径的受益者:她就是凭借这么做下来的积累,才一步步当上辅导员的。

但关键是:社会是由很多种不同的土壤构成的,并不是每个地方都讲究收集活动证据、积攒资历,然后靠这些找好工作、升职加薪。

在无数个有竞争力的单位(土壤),包括华为这样的企业,他们的一贯精神和做法是:只讲功劳,不讲苦劳。意思是你做了多少事、拍了多少照、留下了多少证据,都不重要,这些只是过程和形式。重要的是,你有没有数据、业绩等结果。

不同的土壤,有不同的评价体系。

你的错误在于:你不知道你适合哪类土壤,所以你选择了一个不适合自己的评价体系套在了自己头上。

为什么去敬老院就一定要拍照存档然后上交资料?为什么只参加有证书的活动?为什么参加公益活动要拿到签章?……难道都是为了给别人看吗?竞选时有证据吗?评奖时有砝码吗?那是他们的评价体系,他们在里面可以活得很好，但你做不到。

为什么赚钱不重要？赚钱一方面可以减轻父母负担（尤其是你这种情况），更重要的是，赚钱过程可以锻炼你的策划能力、社交能力、组织能力和领导能力。如果我看到一个学生的真实简历，上面有每年赚几万、几十万的经历，我会毫不犹豫地聘用他，因为他的能力已经远超过了一般的大学生。

你看，不同土壤里的人，对这些事情的看法是不一样的。

如你所说，那些"买个衣服都要妈妈决定"的人，站在竞选台上各种信誓旦旦的承诺，进了院学生会，当了某个部门的部长；"遇到问题哭得梨花带雨"的女生，讨好了需要讨好的人，当上了干部；"平时说话都会脸红，大学里考个体育都会担心影响学分"的学霸，找辅导员谈话后，顺利进入年级学科部成了学生干部，而你做不到，或者说你不屑于做，那就说明你不适合这片土壤。

你要做的，是选择适合自己的土壤，同时那里也会有适合你的评价体系。

你迷茫的第二个原因是，你不知道自己是谁。

怎么选择适合自己的土壤？首先你要知道自己是谁。

就来信内容看，你对这个问题认知很模糊。

你喜欢看NBA，她们喜欢看偶像剧。这是正常的个体差异，而你在怀疑自己"是否改变一下自己，变得女孩子一点"。

你喜欢自食其力直接赚钱，别人喜欢留证据、攒资历晋级评优，曲线赚钱。这个也是正常的，因为真实的社会也是这样：有能力的人，直接从市场赚钱。没能力的人，他们会通过巴结逢迎、吃拿卡要、蝇营狗苟来获得别人的钱。

你不喜欢阿谀逢迎，你不喜欢巴结讨好，你不喜欢说些违心的话，你不屑于与你看不上的人站在同一个舞台上，你不喜欢做一些"留证据、拿签章"之类的形式主义的事情，都会导致你在某些土壤生存得不是很好。

但这并不是你的问题，而是你选择的问题。

而你选择的问题，源于你不认识自己。

你可能刚正，可能务实，可能努力，可能爱拼，可能独立，可能实干……这些可贵的品质，去另外一些土壤（比如一些有竞争力的企业）就会很有前途。

一个人自我认知不清，就会选择不适合自己的评价体系。

这就相当于，一只鸡被迫去参加游泳比赛，或一只鸭被迫去参加捉虫比赛。用不合适的标准来评价它们，它们能不怀疑自己吗？

迷茫就是这样产生的：你只看到有人在官场混得如鱼得水，但你不知道自己并不适合官场；你只看到有人在高校混得风生水起，而你却削足适履，误以为自己也可以；或者，你只是看到有人创业成了富豪，于是你也跃跃欲试。

不自知，是一切迷茫和痛苦的根源。

4."奔走在困惑的青春里"

老师，您好！

看过您写的书后，我再次反省了自己一路走来的迷茫。

高中背负着巨大的家庭贫困压力发愤学习；

高考时心理素质不好发挥失常，没有进入理想的学校；

填报志愿无人指导，信息缺乏，导致对大学专业不感兴趣；

大学也进取过，也曾"优秀"过，也参加过很多活动，但终归还是迷茫；

因为没看您写的"冒着考研的炮火愚蠢地前进"这一章，没有意识到考研的一些真正正确的决定因素，仅仅是因为有保研这条捷径、满足当时的虚荣心、弥补高考的遗憾，最终我还是走上了读研的不归路。

现在，我又陷入了迷茫：我不喜欢学术，也没有心思搞学术，却要继续在不喜欢的专业领域挣扎（因为保研不可以跨专业，当时不想自己考，有点偷懒、投机）。

我知道自己一直在欺骗着自己，贪恋高学历的虚荣和名校的虚荣。我想过放弃，但没有勇气。我知道自己胆小、自卑、敏感、瞻前顾后、优柔寡断，我不知道这样坚持下去还有什么意义。

想想自己真的是无可救药：明明不喜欢，还要死撑着；明明不知道自己坚持的是什么，却不愿去改变。导师也从来不关心我是否喜欢或是否有能力，一切都是分配任务下来，不想做也得做。

我就在这样的研究生生活中痛苦着。如今我研一，过了半年了，逼过自己，却始终没有多大改变。想想还有两年才能毕业，我感觉就是一场灾难，无处可藏。

请老师您给我剖析一下，我怎样能改变现状，谢谢！

补充：两年前也参加过学校的一次职业生涯规划讲座，当时也写信和主讲老师交流过。两年过去，如今我又陷入错误的选择中。下面附上大三时写给讲座者的信，请老师给我分析。

我是一名大三学生，听了您在我们学校举办的讲座。

我是一个来自农村的孩子，因为父母都是目不识丁的农民，他们从未管过我的学习和生活，更别谈什么情感和心理教育。受家庭背景的影响，我的小学、初中、高中基本上就是只会学习，我的美好青春就是在试卷和作业中度过的，现在都觉得自己的青春是一张空白纸。

高三之前都一直很内向,没有什么好朋友。

小学、初中我都是班里的佼佼者。到了高中,我因为不喜欢政治而选择了理科。其实我不喜欢物理,不擅长理科,但是迫于自己以后有更多的就业机会而选择了理科。

之后,学习很吃力,高三没考上,又复读一年。

后来,专业填报也是一片茫然。为了以后好找工作而选择了现在的电气工程及自动化,完全没有考虑自己的兴趣。现在看来,我对这个专业完全不感兴趣。

我想过转专业,但下不了决心,毕竟从头开始需要太大的勇气。

所以,我只能坚持我不喜欢的专业,虽然学起来很痛苦。现在还打算考研,我也不知道自己是不是矛盾得糊涂了。

请老师明示。

——"奔走在困惑的青春里"

我的回复:

我将从四个方面回复你。

首先,虽然我不建议别人放弃读研,但我建议你放弃读研。

因为你现在很痛苦,读完还要痛苦两年。

因为这两年你学不到东西,等于彻底浪费两年。

从未来角度来讲,熬到研究生毕业,你有两条路:

其一,毕业后,从事大学和本科专业的相关工作。而你明明不喜欢大学专业和研究生专业,所以可以预见,你未来的几十年都会痛苦,简直是痛苦到死的节奏啊!

其二,毕业后,不从事大学和本科专业的相关工作。那你现在读这个研究生没有太多意义。因为你本来因为痛苦没学到什么东西,加上完全转行，也不会用到什么东西。

当然，你可能贪恋"研究生"这个名头。我告诉你，没用。如果你要去体制内从事本专业工作，那就坚持痛苦下去；如果去体制外从事具有竞争性的工作，那要靠能力。

综上，让你既没学到东西，又浪费时间，现在痛苦，未来可能也会痛苦的专业或学历，有什么值得贪恋不舍的？

你可能会说，我想混个学历。我也想告诉你，靠学历唬人的时代已经过去了。史玉柱十年前就说过："博士跟初中生没啥区别，能用就行。"我招聘员工也不会因为他是研究生而多看两眼。

你还可能垂死挣扎："我已经考上研究生了，还有那么多人拼命都没考上；我已经读了一年了，如果放弃那不是白浪费了一年？"

我也想告诉你，你的这些都叫错误，是"沉没成本"，果断放弃叫"及时止损"。放弃这一年，只浪费了一年；不放弃这一年，就会浪费一生。世界上有很多人都是你这么想的，所以我认为他们的思辨力配不上研究生这个词。

甚至有很多可悲的夫妻，结婚时就发现不合适：或对方不够爱自己，或对方出轨，或对方家暴，或经常吵闹，但总有些傻瓜理由，比如为了孩子、为了面子，而拖延着不离婚，最后搭上了一辈子。

你身边就不乏这种可悲的婚姻案例，其性质跟你现在的研究生情况一模一样。

第二，对于普通人来说，要做喜欢的事、做擅长的事，而不是做看起来"最有前途的事"。

因为，最有前途的事你不一定做得来。这是很简单的道理。

十年前，我刚创业的时候，也想过做互联网、做搜索、做电商。很明显，当时我并不擅长，搜索有谷歌，电商有阿里，它们自带互联网基因。

我当时选择的，是我擅长而喜欢的事，创办了"软实力教育"。我擅长总结知识，喜欢帮助他人答疑解惑。所以，我一直很快乐。

当然，现在我又有了新的擅长和喜好，比如投资，还有其他。但不论如何，我只做自己擅长而喜欢的事情。

据我观察，但凡有成就的人，无一不是做了他们擅长的事情。

第三，我想告诉你，没有复盘的人生，不值得过。

你明明说你高中不喜欢物理、不擅长理科，所以导致了巨大的痛苦。但是你没有汲取教训，反而一而再、再而三地犯同样的错误：选择了不喜欢的大学专业，再选择了不喜欢的研究生专业。

我想，这应该不是一个理智、聪明的人的所作所为。

在你犯错的节点，我也有过类似的经历。但我似乎都扳了回来：我不喜欢数学，所以高二分科时果断选择了文科，即使班主任来做我的思想工作，我都没有动摇；我发现自己不喜欢研究生专业，果断选择了别的行业，终生没有从事我不喜欢的东西。

总结反省能力，也是一种重要的软实力。

不然，读再多书，也叫"死读书"；混再高的学历，也不过是个迂腐的老顽固。

第四，人生的关键节点很多，只赢在一步没有意义。

人生的节点有很多。

你在小学、初中、高中都拼命学习，想考个好的成绩。但每个阶段都只是一个很小的节点，即便你这里赢了，也不代表以后会永远发展得好。

果不其然，你在志愿填报时瞎搞，在这个节点你就输了。其实这个节点输了也没关系，你可以转专业，你可以学习你喜欢的知识，至少你可以选一个你喜欢的行业。

但是，你没有果断行动，又选择了保研到一个自己不喜欢的专业。在这个节点，你又输了更大一步。其实这个节点输了，还是没太大关系，跳出来就行了。但你宁愿继续输，这跟赌红眼的赌徒有什么区别？

但也有些人，小学成绩不好，初中成绩不好，高中成绩一般，也去了一个普通的大学，也学了一个不感兴趣的专业，但毕业后去了一个自己喜欢的行业，跟到了一个有能力的领导，踏实肯干，终于迎娶白富美，走上人生巅峰。这样的人，前面几个节点输了，但后面踩对了几个节点，反而成了人生赢家。

人生的节点有很多，考个好大学，只是一个节点；考个研究生，也只是其中一个节点。这些都不能保证你以后高枕无忧。因为选错专业、考错研、入错行、跟错人、结错婚、交错友，都可能导致你的人生失败。

人生不怕前面的节点错，就怕后面的节点错。

苦海无涯，回头是岸，阿弥陀佛！

5. 疲于奔命的小梅

老师，你好。

我是河南的一名应届毕业生，现在很迷茫。

我初次接触"软实力"，是在大二下学期听过你的一次讲座。后来我也经常看"软实力教育"公众号里的文章，对于我的大学规划有很大的启示。但可能是自己悟性不够，我依然有很多困惑。

我的大学专业是管理科学，但我不太喜欢这个专业，大二的时候就想转专业，转到艺设系去。我找到了系书记，交流了我的想法后，书记笑着跟我说："你真像个孩子，想到什么就是什么。像艺设系这样的专业，我们经管系是不能转的，因为你没有绘画、音乐等艺术方面的基础。"

因为大学一开始就做考研打算，没给自己留后路，所以也没有关注学校招聘会等事宜，直到考研结果出来，发现落榜了，才开始着急忙慌地找工作。

第一份工作是小学老师，但是在培训了两三天之后，我感觉这不是自己想要的工作，于是立即放弃了。

第二份工作是做一家公司的管培生，但实际上是交了800元培训费用之后就被淘汰了，后来才发现是被坑了。

后来，在做毕业设计时，我对那些PPT的背景图案设计很感兴趣，于是萌生了要做平面设计的想法。于是在网上找了些平面设计的基础教程，比如PS，听了课程之后，我对PS的基础知识有了大概的了解，可是不能设计作品。本来想先学到能够做出作品再来找工作，可是我又有些心急：万一到时候用人单位都招满了怎么办？

于是，我怀着忐忑的心情去找平面设计实习生的工作，但很快沮丧了。因为这类工作要么要求有工作经验，要么有现成的作品，要么要求相关专业，而我都不合格。

后来，我又查看了别的岗位，我发现文案策划之类的工作能够发挥自己的想象力，而表达思想的工作我也喜欢。但是我又没有经验证明我能胜任这类工作，这让我很苦恼！

现在的我，像无头苍蝇，四处乱撞。我知道，这是我在大学没有对自己进行一个全面的定位和认识造成的。我是该继续找我喜欢的工作，还是先找一份工作将就着？

——您的读者：疲于奔命的小梅

我的回复：

你是典型的大学迷茫案例。

迷茫的原因：自我认知不清。不知道自己想要的，不知道自己喜欢的，不知道自己擅长的。

迷茫的症状：想从管理科学转到艺设系，这是学习能力不足的表现。

作为一个大学生，应该有能力事先搞清楚艺设系的招生门槛与就业方向，这是基础的信息查找工作。这种"异想天开"并不值得嘉奖，反而是一种幼稚的表现。

之后更是一连串的狗血故事——瞎搞。

第一份工作是小学老师，培训了两三天，放弃了——这属于自我认知不清中的"不知道自己想要什么"。

毕业之际，"觉得自己感兴趣"，想学平面设计——这属于自我认知不清中的"不知道自己喜欢什么"。你的专业是管理科学，本身是偏软实力类的学科，而平面设计是一门技术活，是硬实力类的工作。这是两个完全不同的"工种"。

后面又"喜欢"上了文案策划，说能发挥"自己的想象力"——这属于自我认知不清中的"不知道自己擅长什么"。文案策划几乎是纯软实力类的工作，靠的是创意、想法、逻辑、写作，甚至营销和心理研究。

一个人，突然一下子说自己喜欢硬实力类（技术类）工作，一下子说自己喜欢软实力类工作；一下子说要转艺设系，一下子说要学PS，这都像小孩梦呓。

在此，对迷茫大学生的几个建议。

第一，遇到什么喜欢什么，什么都喜欢（感兴趣），这恰恰是没有"喜欢"的表现（没有发现自己真正的兴趣）。

所以信里的最后一个问题："我是该继续找我喜欢的工作，还是先找一份工作将就着？"答案很明显：你都不知道自己到底喜欢什么，谈何找"喜欢的工作"？

第二，没有证据的兴趣，都是"伪兴趣"。

正如信里的小梅，几乎是遇到什么就对什么感兴趣。但一段时间之后，几乎都证明她的这个兴趣是假的。因为当你真正接触之后，你就会发现你不喜欢的因素。

就像你喜欢某个女生，但那只是初见。深入接触之后，你会发现很多你不喜欢的因素，最终未必真正喜欢。不然，世界就不会有这么多分手和离婚。

十年前，一个读者向我咨询，他说自己喜欢心理学，想考心理学的研究生。我问他，你看过弗洛伊德的书《梦的解析》《群体分析及自我之分析》吗？他说没有。你知道心理学分为哪些流派和研究领域吗？他说不知道。你去旁听过心理学研究生的课程吗？他说没有。你去心理研究机构深度了解过现在心理研究学者的工作内容和生活状态吗？他说没有。

我问，那你拿什么证明你对它感兴趣？

他说，我以为学了心理学就能看透别人心理。

我说，那你终将会为你肤浅的认知买单。

第三，大学多试错，毕业后才能少跳槽。

为什么有些人毕业两三年，工作就换了七八次？

最常见的情况是，用人单位发现你能力不合格，辞退了。或者，你慢慢发现自己对这份工作不感兴趣，辞职了。

前者是不知道自己擅长什么导致的，后者是不知道自己兴趣的真正所在导致的。

但毕业之后频繁跳槽的时间成本是巨大的，对普通家庭出身的人来说，经济压力和心理压力也是巨大的。如果你不想毕业之后像跳蚤一样跳个不停，那么大学就要多关注社会，并充分利用假期参与企业实习，以期完成一定的自我认知和社会认知。

有人说，"我平常没做过什么事，我是一个单纯的人"。是的，但我也想告诉你，"单纯"的近义词是"幼稚"。人家说你单纯，意思也可能是说你幼稚。

第四，大学最重要的一件事，也许不是专业学习，而是学习自我认知。

虽然自我认知是一件需要终身持续进行的事情，但要尽量完成一定的自我认知。我经常说的一句话："你人生所犯的每一个错误，都是由于自我认知不清造成的。"

如何进行自我认知？

一是持续不断地去实践、试错、碰坑，最后慢慢发现自己喜欢什么，不喜欢什么；擅长什么，不擅长什么；想要什么，不想要什么。不过这样做，时间成本比较大，但终究是一个不可缺少的环节。

二是学习一些基本的人生规划知识和一些自我认知的理论及步骤。这些都是前人总结的经验，也能够在一定程度上帮助自己进行自我认知。这些知识和步骤，"软实力教育"微信公众号 rsl100 也经常有文章论述，此处不再赘述。

6. 高中教书十年的迷茫

老师，您好！

我 2001 年毕业于西北一所大学，在高中已执教 10 年，下面谈谈我的经历。

我童年的记忆里没多少幸福的时光，我记得在小学二年级时就发愁星期天咋过，现在回想，主要是想逃避家里可怕的环境氛围。小时候不知有多少次我都在睡梦中被我母亲的吵架声惊醒。她脾气暴躁，经常只顾一个人肆意发泄，根本不顾幼小的我在哭泣流泪。因为这样的家庭环境，我慢慢变得神经衰弱，性格变得很内向，很少与人交流，基本上没有朋友。

高中四年是我迄今为止最痛苦的四年（复习了一年）。原来引以为荣的成绩在人才济济的中学里根本不算什么。班里很多人不但学习好、能力强、品德好，而且出身也好，并不是父母常说的"家庭好的孩子都不行"，恰恰相反，家庭条件好的孩子总体上素质要比一般的农村孩子要高得多。

虽然学习十分刻苦，但效果不明显，原本就内向的我变得更加痛苦。假期回到家，不仅没得到一声安慰，还挨了不少批评，因为花了不少钱却没考下好成绩。我母亲的脾气也是越来越坏，经常半夜里吵几个小时，根本不关心别人是否睡觉。

别人的家是温馨的港湾，而我母亲掌管的家给人的感觉永远是心痛。

高中时得过的病主要是肺炎、鼻炎、神经衰弱，前两者主要是着急上火，后者主要是心理原因。得病让我懂得了很多，贫穷可以让夫妻反目，也可以让亲情淡薄。

我的神经衰弱是从1996年下半年开始的，在高中同学都在努力提高成绩的关键几年里，我却心有余而力不足，夜里辗转反侧，白天昏昏欲睡。大学四年也严重失眠，每天忙着上自习，最后四级都没过，学位也没拿到。现在我的高中同学70%都在京城，而我却在一所乡村中学教书度日。

国庆期间，我在图书馆读到了你的书，终于在迷茫中见到了一丝光明，感觉简直就是为我写的。我就是你所说的出身于普通家庭的孩子，应该开阔眼界、改变性格、培养核心竞争力。大学期间我属于迷茫型中的"死努力""瞎努力"、走弯路的典型，天天只知道上自习学英语，由于睡眠不好，四级也没过，学位也没拿上。

工作十年期间，我的生活也基本稳定了。在娶妻生子、努力工作的同时，我深感自己落后于时代，十分迷茫。就在快要颓废之际，我见到了你的大作。虽然我已32岁，但还是想有一番作为，这么多年蹉跎岁月，但上进心并未泯灭。我该如何行动呢？

祝老师身体健康，工作顺利！

——"烈士暮年，壮心不已"

我的回复：

如果人生可以重来，我们要意识到，对原生家庭环境，我们几乎无力改变。比如，对于一个几岁、十几岁的孩子，父母要吵架，父母要离婚，父母要打骂，这都是孩子没法掌控的事情。

这些不幸的经历，会给人留下很多后遗症：有些留守儿童对人情感觉淡弱，缺乏父母陪伴教导的孩子可能会情商偏低，有些气氛压抑的家庭的孩子会变得性格内向、寡言少语、不知道如何跟人交流……

所以，我非常同情你的遭遇：家庭的吵闹让你患上了神经衰弱，并直接导致你高中和大学过得非常不理想。

但是，我觉得有些东西是可以在后天做出一定改变的。不过那需要对问题有强烈、清晰的认识，以及对人生规划知识有一定的了解。

比如，虽然高中讲究拼成绩，这个整体趋势我们作为个体没法改变。但到了大学，我觉得对于你来说，重点不应该是去自习、拼成绩，而应该学会去玩、去交往、去参加活动。在"玩、交往、活动"中，摆脱因为长期紧张和压抑而造成的神经衰弱，并进而锻炼你的人际沟通能力、表达能力，甚至是组织领导能力等软实力。最后，可能的结果是，你整个人精神放松了，内心平静了，然后去学习，肯定不至于四级过不了、学位证没拿到。

当然，你那个时候肯定不会放松地去"玩"。因为多年的教育惯性，会促使你持续不断地去自习、拼成绩。多年传统教育的思维痼疾，肯定会告诉你"玩"是浪费时间。而且那时候你在没有人指点的情况下，根本不可能意识到，对于你的情况来说，玩是比学习更重要的事情；也不可能意识到，性格内向、人际沟通关系封闭、心理压抑等软实力的缺失，才是导致你后面一系列滑铁卢的真正原因。

但是人生没有"如果"，以上只是"复盘"，希望这个案例和这个分析，对有类似问题的后来者有点启示作用。

回到你现在的问题，你说自己："虽然已32岁，但还是想有一番作为，这么多年蹉跎岁月，但上进心并未泯灭。"那你具体该做些什么呢？

这是一个难以解答的问题。我不知道你所谓的上进心是指什么。因为上进心对于现在的你而言，可以是将高中课程教得更好更出色、拿更高的奖金、去更好的高中执教、评为特级教师；可以是走出乡村进入城市、更换行业以追求更高的成就；可以是考研考博，追求更高的起点。

对于现在你的迷茫，我只能做出如下猜测性的解法：

比如，去别的城市，开始新的挑战。

但这对于体制内的老师来说，随意调动是不太可能的。这就意味着你要放弃高中教师的饭碗，到别的城市去，找份新行业的工作，开始"自力更生"的新生活。

问题在于：

第一，你性格蜕变尚未完成，你能承受生存的压力吗？

第二，你教书这么多年，没有其他的生存能力，比如必备的行业经验和专业技能，怎么开始一番新的作为？

第三，如果你在外地谋发展，你的妻儿怎么安置？带他们一起出去跟你闯天下？

第四，现在32岁出去谋发展，跟23岁大学毕业没什么区别，都需要在一个新行业从零做起，你能忍受四年、五年甚至十年的基层能力积累吗？要是四年、五年都没赚到什么钱，拿什么养家糊口？

如果要改变现状，也可以去考研。考研虽然不一定是所有人的解法，也不一定是你的解法，但如果你非要做一次改变命运的尝试，也算是你可以选择的一条出路。因为通过这个平台，你可以重新选择一次，包括行业、工作、地点等。

但问题是：

第一，你能否交得起读研所需的大约五六万元的生活费和学费？

第二，在你读研期间没什么经济来源的情况下，你的家庭怎么照顾和处理？

第三，当你读研后重新选择时，怎么安置你的妻儿？毕竟他们似乎没有太大的"重新选择"行业和城市的可能性；

第四，读研也要看专业和性格。由于不了解你的性格和专业意向，这里就不做讨论了。

似乎每条路都不轻松。事实上，对于你现在的情况，确实是无论怎么选择，都不可能有太轻松的路，因为历史的包袱和现实的困境都摆在那里。

但这些问题也并非完全没有解法，只要你：甘愿从零开始，甘愿挣脱束缚，甘愿凤凰涅槃，甘愿豁出去了，甘愿破釜沉舟，甘愿接受更大的挑战。

说到底，还是取决于你对自己的认识：你对现实情况是多么不能容忍？你对理想是多么渴望？你对改变是多么执着？你的决心是多么强烈？你的激情是多么澎湃？你的意志是多么坚定？你对自己能力的认知是多么客观？你对自己的性格是多么了解？……

如果你对上面的答案是不肯定的，其实还有另外一种解法：努力把现在的工作做到最好，同时学会享受现在的生活和工作，学会忍受生活中的一些不愉快，学会"安贫乐道"，学会静心，学会平庸或者平凡……

7. 大学迷茫——快问快答

不喜欢专业的涂涂：

我是一名大一的学生，在当地一所不错的本科学校就读，但对现在的专业毫无兴趣。做一名服装设计师是我从小到大的梦想，但我好像与它无缘。

我不敢跟父母讲我的难处，之前跟他们提过，也没有什么用处，换来的只是批评和那些陈词滥调。

最近我姐姐给我寄过来您的一本书。确实，在某些方面，您的思想激发了我，但我依旧很迷茫。可以说，我对我学的专业恶心至极，我还要坚持下去吗？仅仅是为了父母？我真的好想退学，去闯一闯，去追求自己一直喜欢的东西。

我该怎么办？

我的回复：

万恶的封建婚姻制度过去了，婚姻不再是父母之命、媒妁之言、指腹为婚。而不顾兴趣的某些教育制度还在延续，摧残着那些不喜欢专业的大学生和研究生，因材施教要真正实现还任重道远。

很多时候我都纳闷了，学科考试都进化得如此精密严谨了，为什么招生时就不能加点兴趣测试和价值观测试？这样既可以矫正那些乱填高考志愿的人，又可以刷掉那些盲目考研的人（太多人对学术并无兴趣，仅仅是为了学历名头去考研）。这样既避免了浪费国家资源，把合适的机会留给了合适的人，也是对这批潜在迷茫者的人生负责。长远来看，他们会感谢自己能被"刷掉"。

回到你的问题，既然你对专业"恶心至极"，那就不要勉强。羊吃草，狼吃肉，自古以来便如此，怎么强制也扭不过来。

"一天到晚瞎转的鱼"：

我是在大二的时候在图书馆看到了您的书，才读到第三章就感觉您写的真是太符合大学的现状了。

就迷茫问题，我咨询过学校的心理老师。老师说，你迷茫是因为你的生活没有目标。然后给我的建议是让我认真思考以后的目标。

但是直到现在，我依然找不到大学的努力方向。

我之所以去上自习，就跟您说的一样，是一种心理安慰，因为这样起码可以告诉自己，我在努力着。

我虽然也拿到了奖学金，但是我真的没有丝毫的兴奋感。

我想走出迷茫，我想找到真正令我兴奋的目标。每次我想累了的时候，就会去跑步。但是我知道，我不能再逃避了。我该怎么办？

我的回复：

你打过篮球吗？如果打过，你应该知道，当你静止的时候，就不会有接传球和出手投篮的好机会，因为被对手防死了；如果你想找到好机会，就必须持续地跑位，只有在运动中才能发现机会、创造机会。这是我打球的感悟。

同样，对于没有眼界见识的人来说，目标是很难被思考出来的，只能是在阅读中，尤其是在工作实践中被发现或找到。

对于没有一定眼界、见识的学生来说，脑袋里是一片空白，没有一点社会信息、行业信息、企业信息、岗位信息，请问你怎么能想出目标？

如果你没见过太阳，你会定个目标去追太阳吗？

如果哥伦布没有发现新大陆，世人会想到有美洲的存在吗？

对于普通人来说，目标只存在于你见过的事物中。

即便是马云，如果没有去西雅图，没有在一个偶然的机会发现了互联网，估计他现在还在杭州经营他的海博翻译社。

所以，如果你想找到目标，那就停止瞎想，开始大量阅读，广泛接触。

"浅若夏沫"：

> 您好，我是一名普通的五年制大专生，读了您的书后我深有感触。我现在虽然还在中职阶段，但只剩下一年时间就要升到高职去了。
>
> 我现在的问题很多。比如不会做计划，总是没有目标地去做一些事，导致到了期末一事无成。
>
> 看了您的书后，我明白了目标的重要性。可是当我想要为自己设定一个目标时，我才发现我连自己想要什么都不知道。
>
> 那么，我该如何找到自己的目标呢？

我的回复：

目标分为很多种，比如，人生目标、长期目标和短期目标。

如果你暂时找不到人生目标和长期目标，但你至少可以设置很多短期目标。而且，有些短期目标，是一定不会耽误你实现任何其他目标的。

比如，健身目标，任何时候你都不会说，我很后悔当初健身了。

比如，读书目标，任何时候你都不会说，我很后悔大学读了200本书。

比如，锻炼你的情商、人际沟通能力、演讲表达能力、组织领导能力等软实力，任何时候你都不会说，我很后悔我的情商太高了。

而这些短期目标一旦达成，那么你的人生目标和长期目标也会慢慢浮出水面。这就是普通人做目标的秘诀。

另外，我想告诉你的是，一定要通过广泛阅读、积极参与，保持大量外部信息的摄入，因为目标只有在行动中出现，停止行动只会导致绝望。

你来自农村吗？你应该知道，很多封闭在村里的村民，当年都是无所事事、没有目标的。但他们一旦出去打工，接触了更大的世界，很多人立马就有了明确的目标，甚至还有些人当上了老板，做起了跨国贸易。这是他们当年一直待在村里所无法想到的。

"断了线的风筝"：

让我称呼你一声尊敬的学长吧！大概没有比这更好的称呼了。

我之前是不会看励志书的，我觉得看了也不会有太大用处。而当我看了你这本书后，我觉得很多内容完全就是我整个大学的真实写照。

我虽然一直很积极，但是我依旧很困惑，因为我总觉得自己无论哪个方面都显得很一般，似乎没有一技之长：篮球打得一般，专业成绩一般，英语口语说得很一般，证书考得很一般。

但我没有灰心。我信奉一句话，是退役的科比·布莱恩特说的："总有人要赢的，那为什么不能是我呢？"这句话总是在刺激着我。我也很想赢，无论在哪个方面，别人说我不行，我的内心是较真的，我总是在心里说，那我就要赢给你看。

就拿我的普通话来说吧，我是广东人，普通话一直没讲好，但我就是想挑战播音员。

就拿我的专业来说吧，别人说我抽象思维和逻辑能力不行，我就想，我一定要做最伟大的程序员。

你觉得我这样想对吗？

我的回复：

首先，不得不说，你的识别能力有限。这不是一本励志书，应该算是一本讲述软实力思想的书，至少是一本人生方法论的答疑书。

其次，在一定程度上，好胜是一个好的品质。但在某些方面不服输，就是不自知的表现。

一个自知的人，应该明确地知道自己擅长什么、不擅长什么，而不是一味地不服输。

举例说，不管你服不服输，你在物理学上可能永远都比不过霍金；不管你服不服输，你在篮球方面的成就可能永远都超不过科比；不管你服不服输，你在音乐方面的影响力，可能也赶不上周杰伦；不管你服不服输，你在商业上的造诣也可能无法比得上马云。

也许不是你不够能干，而是任何一个人都不可能360度都优秀。更何况，有些事情，是要讲究天赋的。

"夜夜笙歌"：

> 跟别人不一样，我是一个很容易找到目标的人，所以我从来都不缺目标。但我也很迷茫，因为我很容易推翻原来的目标，再设立新的目标。
>
> 这也让我很痛苦，因为很多目标之间并没有联系。这让我做了很多无用功。这好比，我先往东走了十公里，后来发现不对，应该往西走十公里；后来发现又不对，要往南走十公里。我就是这种感觉。
>
> 比如，大二的时候我有个目标，要成为瑶湖地区最好的英语培训师，因为我的英语老师是一个我很喜欢的人。但是到了大三，我听了一场考研讲座，又决定考研。在我考研的准备过程中，我看到了一场校招宣讲会，突然觉得去互联网行业是个不错的选择。
>
> 您说，我这是患了哪门子病？

我的回复：

更换目标，可能是正常的事情。但频繁更换目标，则是迷茫和自我认知不清的表现。

因为你不知道自己想要什么，所以什么都成了你想要的。

另外，容易设立和频繁更换目标，跟一个人的见识也有很大关系。

我见过很多见识比较窄的人，今天听了个英语讲座，出于对主讲英语老师的崇拜，于是立志要做英语培训师；明天看到有同学在考研，于是考研成了他的目标；后天偶然看到一个自媒体账号，发现做一个写文章的自媒体似乎也很有影响力，于是就把自媒体当作了自己的目标；大后天发现有个人创业成功了，于是立志想成为一个企业家。

如何解决这类迷茫问题？

我觉得，对于一个年轻人来说，首先要接触一些正确的、有格局的人，不然你只能是以身边的比赛为目标、以身边的评奖为目标、以身边的考研为目标、以身边的代购和兼职为目标，你的格局就会变得很小。因为跟麻雀一起飞的，永远也只能是麻雀。其次，在眼界、见识不够的情况下，少去试图寻找一些所谓的长远人生目标，多去完成一些短期的能力目标，包括提升硬实力或者软实力等能力。

四、来信问答：氛围颓废

> 我就读于一所专科学校，身边的人只知道打游戏、看动漫。我为了拿那点奖学金，强迫自己死记硬背不喜欢的科目。谁说人生只有一个高考筛选程序？接着还有突破迷茫、抵制颓废……无数人就输在这几场大考上。无论是好习惯还是坏习惯，都是有惯性的。

1. 颓废像沼泽，我无力逃离

因为高考失利，我进入了一所专科学校。但学习氛围一直让我很不适应，身边的人大同小异，只知道打游戏、看动漫，对学习没有丝毫的热情。用他们的话来说，大学就是"疗养院"。

今天上午有两节 C 语言课，好多人都在玩手机，我也在无聊之中"刷屏"。一个上午，没学到任何的东西。

下午上课，我虽然坐在前排，却也因为对专业不感兴趣，没有听懂什么。

傍晚有两个小时的空余时间，但我不知道用来做些什么。因为没有目标，也没有什么兴趣，或者说，我们这里的大部分人都没有"目标、兴趣和自我安排"的意识。

晚上，学校要求上晚自习，但只是人到了教室。大家总会不自觉地拿出手机，搞各种事情，还有一觉睡到晚自习结束的人。

上面只是众多无聊的日子中的一天。

老实说，这一切都不是我想要的，但我不知道如何做出改变。我接触的圈子过于狭小，太多的时间都荒废在宿舍里了。

对了，宿舍是我们这类人的中心，每天吃饭、睡觉、无聊、发呆、玩游戏，大部分时间都待在这个地方，而不像传说中的名校那样，学生们活跃在图书馆、运动场、实验室、创新创业中心等地方。

我也在试着做些改变，可效果很差。毕竟我意志力不是很坚定，在颓废的大环境下，现在的我正在快速向人渣堕落。颓废像沼泽，我无力逃离。

——"忧伤过望川"

我的回复：

先做一个直接的回答：如果你无法对抗颓废的大环境，那你就要学会去选择环境。孟母三迁这个道理，在任何时代都有效。至于具体如何接触上进的环境，也很简单，去好一点的大学听课、参加活动、甚至自习。如果你所在的城市没有好一点的大学，那你至少可以加入上进的网络社群（比如我们"软实力"全国读者群），在这里看看别人读过的书、听过的网课、参加过的社会实践活动等。总之，一个人只要一心向上，要接触到积极的氛围，还是不难的。

下面对"大学颓废"这件事做一些解读。

一般来说，好学校的学风，确实要好一些。而烂学校的学风，要差很多。

这个很容易理解：每个人在智力上有一些区别，但有人能考上名校，有人考上了烂校，其主要区别可能还不是智力因素，而是自律能力。有些人因为在中学就不喜欢读书，吊儿郎当、游手好闲，所以就进了不太好的大学。而不太好的大学汇集了太多中学时期就"吊儿郎当、游手好闲"的人，所以学风自然也好不到哪里去。

最近几年，经常有一些名校学生给我写信，说看了我的书，对于书里描述的种种颓废、堕落现象，"恐怕不符合现在的大学实际吧，我们学校有很多迷茫的人，但颓废的人很少"。

我只能说这些名校生，因为"居庙堂之高"而不接地气了。

这就相当于现在很多人都住着高楼大厦，衣食无忧，突然看到一些新闻，说有些地方的孩子上不起学、吃不起饭，就会怀疑这是不是假新闻呢？倒回去几年，甚至连我都怀疑它是假新闻，因为我想，改革开放都快四十年了，怎么还有这么穷的人？但当我亲自到了一些深山地区，当我身边不断出现这类人的时候，我发现这是真实存在的情况。

其实，每个人都活在自己的有限世界里，然后都以为自己的这片有限的世界就是整个世界。不论号称多么见多识广或博学的人，在不同的领域，可能都只是一只井底之蛙。所以，对于不理解的世界，最忌讳的是以"我"为出发点来理解："我怎么不知道""我怎么没听说过"。呵呵，你不知道、没听说过的，多了去了。

有的人性格比较开朗，突然接触到患有抑郁症的人，就表示难以理解他们的世界；你可能在学校月生活费三千，但要相信，食堂里真有人每天只吃馒头和白菜；你可能在名校发现大家都挺努力的，很少有颓废的现象，但要知道，在某些学校，行尸走肉般的生活是主流。

不然，你就是那个提出"何不食肉糜"问题的晋惠帝。

下面是一名 985 高校的学生写给我的邮件，摘录如下：

> 我们学校的学生，整体上是挺有积极性的。因为有学分制，所以大家会积极参加社团活动和一些比赛，虽然有些不是出于

自愿。

我想请教的是如何学习。如何在兼职中学习？如何在听讲座时学习？如何在社会中学习？要学哪些方面的内容？是学软实力方面的内容和有关商业思维吗？

昨天给您发邮件的原因是，在考研、考证这些问题上没有得到答案。现在仔细回想起来，其实您在书里已经给了答案，只是需要我认真回味罢了。

这封邮件表明，好一些的高校，整体学习氛围要好得多。不仅仅是学校管理，学生素质也是如此。一个很简单的理解角度是：因为他们中学能做到努力学习，说明他们是上进的人，是有一定自律能力的人。这类人进入好的大学，也基本会保持上进心和自律能力这些好的品质。无论是好习惯还是坏习惯，都是有惯性的。

但即便是名校的学生，虽然考了很高的分数，也不代表他们的软实力就普遍没有问题：人际关系问题，不喜欢专业及考研、考证等迷茫问题，以及上面邮件所反映出来的脱离书本之后的社会学习问题，都说明大学生们在人际沟通能力、情商、自我认知能力、学习能力等软实力方面普遍存在一些欠缺。

2. 不一样的人，注定不被理解吗？

老师，您好！

我是理工学院的"燕子"。今天，我怀着激动的心情给你写这封信，是发自内心地想对你说一声"谢谢"。

大二时，我很想参加一场你们"软实力教育"的商业实战活动，但最后还是放弃了。当时我以为，不参加这场活动，我可以去做家教，去挣更多的钱来减轻家庭的负担。但是后来我发现，这样的一场商业实战带来的体验，或许是用多少钱都买不到的。

我依然记得，一个上进的朋友推荐你的书给我时，迫于经济的压力（身上仅存150元），我没有买你的书。最后我决定去找她借你的书看。毫不夸张地说，这确实是唯一一次不忍放手、一直想看下去的两本书。

如同所有名人被人议论一样，我也知道有些人对你的猜疑和诽谤。我也曾这样愚蠢过，因为那时候跟所有的"白痴"一样，没有去了解，没有去接触，就盲目否定一个自己不了解的新事物。

说说看完你的书后我的一些改变吧。

没看你的书之前，我为了拿那点奖学金，强迫自己学不喜欢的科目，死记硬背，而且深陷考研无法自拔。我明明就不是一个喜欢搞学术研究的人，但为了"二次高考"，为了满足学校领导、老师、家长的虚荣心而去考研。我甚至还愚蠢地说，不管是哪个专业的研究生，先考上再说。

看到书中提到的上海硕士杨元元自杀事件，我还专门百度了解了一下，我突然觉得自己这样考研的想法很可笑。

我开始学会去认识自己：我很喜欢挑战、喜欢接受新鲜的事物。比如，我大二时，曾两次创业，都收获了一定的利润。但因为之前社会上经常出现女大学生安全事故问题，学校要求我们必须住寝室，必须按时上课，不然取消一切评奖评优资格，取消党员身份。迫于压力，每次在事业最高峰时，我就不得不因为拿奖学金、起党员模范带头作用而退出折腾。

创业期间，少不了嘲笑、质疑、打击。作为一个女生，确实要承受很大的心理压力，我甚至做过两次心理咨询。所以，我特别能理解创业者，理解那些为梦想而勇敢前行的人。

你的很多观点都给了我全新的启示。比如，对身边人的认识，书里总结的大学生自己给自己做的分类，我都可以在生活中将其对号入座。迷茫中，总是有不同的人给你不同的建议，甚至有些建议是截然相反的。那么这个时候要听谁的建议？看了你对《小马过河》的分析，我理解并明白了这个寓言的本质——"听谁的意见，取决于你更想成为谁"；对培养独立思考能力的必要性也有了更深刻的理解：因为身边大部分人的意见和建议不具有参考价值。

你所说的跟风现象，在大学的确是常见而严重。比如在我们班，自从我报了考研培训班，就一直有人向我咨询，紧接着我们班有15个同学跟着我报了同一个考研班。这样的盲目跟风现象，我觉得特别可笑。很多人比我还迷茫，自己都弄不清楚考研是什么、为什么，就因为别人说好，就赶紧掏钱把考研学费付了。

大学里跟我讲经验的人不多。学长会讲，但深度不够；偶尔有讲座，但信息比较零散；老师会讲，但多半是站在学校的角度而不是社会的角度。在我最迷茫的时候，我看到了你的两本书，这是一种思想的提升，帮助我认识了自己，尤其是在考研这个重大决定上面。因为一念之差，就是几年的光阴浪费和心理煎熬。

有些大学生的颓废，确实如书中所写。

当有些老师按照PPT把内容从头念到尾时，以前我会拿着个手机看空间、刷微博，刷两大节课。而现在，我会拿着一本我喜欢的书在课堂上学习。而其他同学，除了唉声叹气，"这种课简直是在浪费我们的时间"，可是她们也不曾有努力改变的尝试，还是每天看电影、玩游戏、宅寝室。

我不喜欢待在寝室。我来自农村，受不了她们的奢侈浪费，受不了她们每日淘宝、电影。我会去图书馆，去参加各式各样的课外活动、社会活动。慢慢地，我明白了"眼界"这两个字的真正含义。

两年前，寝室和班上的人都受不了我，觉得我就是"作"，觉得我每天跟个傻子一样忙来忙去，累死累活，嘲笑我这辈子也飞不上天、做不了凤凰。

两年后，我不仅拿到了国家奖学金、还得到了所有的优秀学生干部荣誉证书。更令人欣喜的是，虽然我还没毕业，就有两家优秀企业希望我加盟，给我开出了月薪过万的条件。我感谢他们的认可，也感谢自己过往的努力。

曾经，面对嘲笑，我会不停地去解释。比方说，寝室的人会揶揄我的穷。那时候，为了维持一点尊严，我会故意装成不穷的人，跟她们解释："我只是想锻炼自己，我想要的，家里还买不起啊？真是的！"

现在，我读懂了你所说的"白痴定律"：永远不要和一个"白痴"争辩，因为他会把你的智商拉到和他同一水平，然后用丰富的经验打败你。所以，现在我再也不会去和她们争辩。"你要让一头猪明白你的思想，还不如节省点时间让自己变成一个牛人。"这句话，痛快人心！

老师，给你写这封邮件，只是真的很想对你说声"谢谢"，为了你的两本书所表达的思想帮我实现了很大的改变，为了你关于考研的理念让我没有继续浪费时间。

今天我才看完你的第二本书，就急着给你发邮件。接下来，我想沉下心来把你的书再看一遍，因为我发现那些问题你基本上都给出了对应的解决方案，我需要结合自己的情况进行反复、深入的思考。

非常期待有一天能够跟您有直接交流的机会。

——感谢您的"王谢堂前燕"

我的回复：

看多了迷茫、颓废的案例，以及怨天尤人、抱怨环境的案例，你的这封邮件让我感到非常欣慰。因为我终于看到，即便在颓废的环境里，总会有人逆风崛起；即便在迷茫的沼泽里，也总会有人顽强自救。

我很想把这封信的主题归纳为：在颓废的环境中，一个上进学生的奋进历程。

因为她迷茫时无人指导，因为她上进时无人理解。

人在成为"人才"的过程中，必定经历很多劫难："苦其心志，劳其筋骨，饿其体肤，空乏其身，行拂乱其所为"，也就是各种不理解、孤立、排挤、嘲笑，甚至攻击、诽谤。

正因为经历了这些劫难，最终破土而出的人才，才会具有一身"铜皮铁骨"和一颗强大的心灵。

而那些意志薄弱、内心脆弱的人，早就被庸人的言论灭掉了，随波逐流，沦为庸众的一员。

就像一场疾病之后，免疫力弱小的个体趋于灭亡，而活下来的，都是免疫力强大、生命力旺盛的人。

这本质上就是一个"物竞天择、适者生存"的过程。

谁说人生只有高考这一个筛选程序？其实后续还有"迷茫突破考试""颓废抵制考试"，很多人赢了第一场，却输在了后几场。

所以，不要埋怨大学环境，不要抱怨家庭出身，你若在这里活不下来，以后在竞争激烈的社会上也照样会被淘汰。

五、来信问答：人际关系问题

> 我朋友很少很少，现在我感觉走进了死胡同。宿舍是一个绕不开的地方。在所有的认可中，庸人的认可是最没价值的。改变别人比改变自己还要难上加难。用你的影响力，带着她们上进。宿舍、教室、食堂"三点一线"的大学生活。

1. 我是在嫉妒我的室友吗？

哥，请允许我这样称呼您。我是一名大二的学生，读了您的书后感触颇深，就怀着无比期待的心情写了这封信，期望您能在百忙之中读一下。如能给我些建议，我将不胜感激。

我是一个性格与众不同的人，特别看不起那种为了交朋友而特意去结交的人。我不仅有些内向，还有些情商低，说话有时会有些伤人。因此，我的朋友很少很少，而我又特别讨厌被忽视，谁忽略我，我就忽略谁。现在，我感觉自己走进了死胡同。

大一开学后，我想找机会突破内向的性格，于是与一个室友一起报了系里的篮球队和体育部。当时我很高兴，终于有了一个开始。但在接下来的篮球比赛中，因为我的球技不行，多在旁边晾着，只有看着队友上场，平时练习时也是如此。整得我留也不是，去也不是。加上平时寡言少语，所以别人也不了解我。我感觉自己被忽略了，没有了存在感。

相反，与我一起报名的室友却混得风生水起。所有到宿舍的人都是找他的，而找他的人又都是我认识的。这更增加了我的无存在感。

因此，我想把成绩搞好，拥有一个优点。然而随着我增加自习时间，我显得更离群索居了，与他们的距离也更远了。不仅如此，我自习也没有效率，因为内心是翻江倒海的孤独感，沉不下心来。孤单是一个人的狂欢，这句话很有道理。

今年我更感觉没存在感了。因为挂了科而退出了学生会，每次他们出去聚餐也不叫我；与室友们走在一块，别人只与室友打招呼，根本没人理我；有时我回到宿舍，室友也不搭理我，当然，我也就不搭理他们（因为我不喜欢被忽略）。我的性格是，每次被忽视后，就会情不自禁地生气，会反过去忽略他们、远离他们、讨厌他们。

越来越没存在感，我只能往图书馆躲避，但我知道我必须做出改变。

期望您的回复，谢谢！

——"任性的少年"

我的回复：

就你透露的情况来看，你的性格和人际沟通能力是有问题的。

表面上看，你需要认同，需要存在感。实际上你一直没有得到这些东西，因为你性格里有嫉妒成分，因为你没学会去认同别人。

我们公司有一个男生小李，篮球打得很好，比我打得还好。我问小李是怎么练出来的，小李说他大一的时候篮球打得非常差，幸运的是遇到一个很厉害的高手,就天天黏着他、做他的跟屁虫,叫他师傅。这个高手就很有认同感和存在感,就做了小李的师傅,每天教他打球,最后小李也变成了高手。

你看到没有?你的情况跟小李一样:刚开始都是"菜鸟",都是替补,都上不了场。但结果不一样,小李融入了圈子,而你却被孤立了。因为性格里的基因不一样,你学不会认同别人,所以别人也就不认同你。

你可能很不服气:"为什么要我先认同他们?为什么他们不先来认同我?"没办法,因为你是一个"菜鸟",是一个后来者,你没有资格要求别人先认同你。另外,从你的描述来看:

你内向,意味着你不太爱说话,而且肯定也无趣;

你情商低,意味着你说话伤人,得罪人;

你偏激,谁忽略你,你忽略谁;

你嫉妒,室友人缘好,你就不开心。

我建议你,在人际交往中,先放低姿态,先承认自己是个"菜鸟",很多地方需要学习。然后,发自内心地去欣赏别人的优点,赞美他人,为他人的进步鼓掌,并谦虚地向别人学习。

你缺乏人际沟通能力这种软实力,体现在你不仅缺乏人际沟通技巧,而且没摆正人际沟通心态。

同时,你对人际沟通能力的认知,也是有错误的。

你说你想把成绩搞好,让别人注意到你。

我想告诉你的是,即便你把成绩搞好了,你的人际关系依然难以改观,因为这个世界上专业优秀而性格孤僻的人多了去了。

你的成绩好,那是你自己的事情。人际沟通能力强,那是让别人舒服的事情。这是两码事。

所以,如果你想变成一个受欢迎的人,首先要让别人觉得舒服。具体方法,我上面已经说过了。

2. 害怕待在宿舍的大二学生

我是一个日语专业的大二学生。

一直以来我都很在乎父母的感受，所以循规蹈矩，只埋头读书，不太会玩，同学们都说我很死板。

我喜欢自己单独活动，不管做什么，我总是一个人。后来渐渐发现，我远离了群体。当我想要融入宿舍和班级时，发现已有心无力了。

不论我做什么，感觉都是错的，与大家格格不入；别人说话，我插不上嘴。我还是一个敏感的人，喜欢胡思乱想，对别人的一句话或一个眼神都会在意好久，最后搞得我总是无法集中精神学习。

现在我害怕闲下来，害怕待在宿舍。

我不知道下一步该怎么做了。

——"迷茫的棉花糖"

我的回复：

如果你的同学没有什么过错，没有特别地、故意地孤立你、排挤你、嫉妒你，那么，你融入不了班级和宿舍，心有余而力不足，就是你自己的人际沟通能力缺失了。

为什么人际沟通能力这种能力会缺失呢？

任何一种能力，长期不用，都会退化。长久待在牢房的黑暗中，眼睛遇到光亮就会睁不开；一个被流放到荒岛独自生活十余年的人，有一天看到船只经过，本想喊出"救命"，结果发出的声音却是"啊啊啊"——因为长期不说话，他失去了说话的能力。

你也一样，因为长期习惯独来独往，逐渐失去了一种能力——人际沟通能力。

这种能力的缺失表现为：跟别人在一起不舒服；跟别人在一起，不知道做些什么，说些什么；表情不自在，精神不自在；总觉得别人看着自己，观察自己；想插话却插不上嘴；想让别人关注自己，却经常被忽略；说话唐突，经常是话题的终结者；跟别人产生一点矛盾就不知道如何处理；无趣……

但我想告诉你的是，人际沟通能力是很重要的。社交需求不仅是人的基本需求，无论是谁，无论在哪里生活和工作，都逃不掉它。

至于具体如何提高这种软实力，见本书的相关章节，我已经说过很多了。

3. 我被孤立了！

感谢你抽出时间来阅读我的信件，我的信没有什么含金量，只是我的一些小苦闷。

我高中的时候，室友们不论什么都是一起做。但是，现在的大学室友爱三三两两成群结伙，分成了三个小帮，这让我很不习惯。

一开始我也等她们一起走，但她们下课却不愿意等我。第一次觉得没什么，但在第二次、第三次之后，我只觉得心凉和失落。

每次回到宿舍，我就不舒服，她们也当我是空气一般，视而不见。

我想了很多。可能是我走路太慢，跟不上她们火箭般的速度；可能是我喜欢去食堂吃饭，而她们喜欢去外面吃；可能是我自习还比较多，跟她们相处的时间比较少；也可能是我话比较少，没有那么多话题和别人聊；还可能是我和邻班一些同学走得比较近，所以室友开始排斥我。

我现在安慰自己的话是：道不同不相为谋。既然没法和她们愉快地相处，我就安排好自己的学习、过好自己的生活。比如上课，她们坐后面，而我喜欢坐前面，因为可以用手机拍下老师的 PPT。

但不管怎么样，我还是觉得自己很孤独。尤其是独自去上课，感觉路程好长好长，而且害怕别人目光里的疑问——怎么又是一个人？

——一个小姑娘的小苦闷

我的回复：

一般来说，如果生活中大部分人都不喜欢你，要么是你思想超凡、卓尔不群，要么是你性格和人际沟通能力有问题。这里的"大部分人"要排除室友，因为一个宿舍人数太少，如果不幸这几个人都跟你不是一类人，不喜欢你，也是正常现象。

但如果连一两个喜欢你的朋友都没有，那绝对是你人际沟通能力（性格、心理、情商等）有问题。

所以，你需要深刻反省：你只是跟她们少数几个合不来，还是跟其他很多人都合不来？

如果你只是跟少数几个人合不来，跟更多的其他人是合得来的，那么可能问题不在你身上。

但就你目前的情况来看，你的人际沟通能力恐怕也是有一定问题的。

另外，你也要加强对人际沟通的认识：

（1）没有人会被所有的人喜欢，也没有人会喜欢所有的人。比如，你就不一定喜欢说话这么犀利的作者，而你们喜欢的"娱乐小鲜肉"在我这里可能就什么"肉"都不是。

（2）孤独是人生的常态。越是与众不同的人越是如此，不然皇帝怎么会自称"孤家寡人"？但是，这并不代表你可以把这句话当作自己缺失人际沟通能力的理由。

（3）从众是平庸的开始，因为庸人往往是扎堆的。但我也想告诉你，真正优秀的人，既能与别人扎堆交往、打成一片，又能卓尔不群、做自己想做的事情。你做不到，那说明你还没有修炼到家。

（4）在所有对你的认可中，平庸者的认可是最没价值的。比如，为了获得室友的认可，你跟她们一起玩游戏，跟她们一起追剧，跟他们一起"宅寝"。虽然你可能也融入了她们、跟她们也有话说了、被她们视为同类了，但这种认可是没有多大价值的，对你的前途和未来没有多大帮助和益处。

对你真正有价值的认可，是高水平的人的认可，圈内人士的认可。比如，你是一名导演，你能拍出让其他导演心服口服的电影；你是一位教授，能写出让其他教授佩服得五体投地的论文。

（5）正确认识室友关系。如果你能遇到一群心智健全、阳光开朗、努力上进的室友，即使做不到气味相投，也能做到求同存异，那是你的幸运。

如果你不幸遇到了几个嫉妒心强、心理不健康、认知和审美完全不在一个层次，而且喜欢打击孤立别人、搞小圈子拉山头的室友，那也是完全有可能的。

因为谁是你的室友不是你决定的，那是学校蒙眼安排的。学校随便拿几个名字拼在一起，组成一个宿舍，并没有考虑彼此的性格、志趣。所以，你能分到谁，跟抓阄一样，是随机的。而宿舍往往只有几个人。从概率上来讲，这几个人刚好不是你的菜，也是有可能的。

我的意思是，如果你不幸遇到了一群让你心累的室友，也不必过分在意，能处就处，不好处就分开。

经你选择的恋人尚且可能因合不来而分手，未经你选择的室友，凭什么一定要跟你对路？

但我的意思不是让你忽略室友关系，或放任自己的人际沟通能力成为短板，而是在极端情况下的一种认知：你不必因此患得患失、疑神疑鬼、精疲力竭，更不必因此否定自我、心理变态。

4. 一定要与自己看不惯的人搞好关系吗？

我是一个刚上大一的学生，从来没有住过校，也不知道一个寝室竟然会有这么多"幺蛾子"。

我有一个室友特别强势，做什么事情从来不考虑别人的感受，每天在寝室发出各种噪声：大声煲电话粥、半夜看剧不用耳机、进出大力甩门、午休把盆呀桶呀踢得"砰砰"响，等等。而且，很多时候不懂得对别人最基本的尊重，如打断别人说话、阴阳怪气地嘲讽笑话他人、说话带脏字。我真的受不了。

我的性格属于比较温和型的，一直觉得大家应该好好相处，一个寝室就应该像一个家庭一样，毕竟要生活四年。但是我觉得自己快撑不下去了。

很多人告诉我不要关注她，忙自己的事情就好了。但是我现在真的什么都干不了，每天都在压抑着，真的好痛苦。怎么可能无视她呀？大家低头不见抬头见的。真的好烦，被这个事情困扰着，一点都不快乐。

我觉得这不是我想象中的大学，我已经没办法正常生活和学习了。

刘老师，我想请问，我们总是被教导要跟别人维持良好的关系，可是如果那个人是跟你截然不同的一种人，甚至更多时候是彼此看不惯的人，我们也要跟她们想办法搞好关系吗？

——"来自北方的羊"

我的回复：

首先，你是不是找个机会，找她心平气和地谈一谈？谈一谈你的感受，并表达出你对美好宿舍的期待和你对室友关系的珍惜。

当然，如果她能有所改变，那"真真是极好的"了。但这是小概率事件，这世界，改变别人比改变自己还要难上加难。

实在不好相处，那就申请换个宿舍或换个环境。毕竟，大学是奋斗年华，用太多精力来处理和维持室友关系并为此频繁地调整自己的情绪也太浪费时间了。

5. "小吴的孤单大学"

为节省您的时间，我长话短说。

现在，我寝室里的人有的在一起唱歌，有的在吃零食看电视剧，有的在玩手机，还有一个在玩吃鸡游戏。难道我要跟她们做同样的事情才算是打成一片吗？

我不想这样，可怎样才能培养室友感情和影响其他人呢？

——"小吴的孤单大学"

我的回复：

我的理解跟你不太一样。

为什么宿舍的人就不能一起唱歌呢？一起唱歌就很颓废吗？只要不是整天无所事事地唱歌，偶尔一起开心地唱一下，有什么不好的呢？这是快乐的氛围啊！你不仅不应该反对，而且应该积极参与。不然，你肯定是一个无趣的人。我在日常生活中，就特喜欢爱唱歌的人出现，因为能感受到快乐。

至于看电视剧，整天沉溺其中，当然不好。但偶尔看一下，有何不可呢？悄悄地告诉你，我也偶尔会看一下各种电视剧，一方面是我确实喜欢，一方面是我跟各种人交流时都不缺话题。

当然，如果你认为你在人际沟通上没有问题，是她们颓废并扰乱了你的正常作息，那么你有两种解法：

（1）用你的影响力，带着她们上进。人是可以彼此影响的，但到底谁影响谁，要看能量大小。在你们宿舍，是她们影响了你，因为她们的能量比你大。但如果我在这个宿舍，则大概率是我影响她们，因为我的能量比她们更大。

（2）换个环境。孟母三迁是因为孟母意识到环境对人的影响太大了。至于你说的"培养感情"，你为什么不把花费在颓废人群上的时间，用来参加上进的活动、认识上进的伙伴？与颓废的人根本不需要小心翼翼地培养感情。

6. 因为与室友闹翻，我休学了

老师，你好！

我今天买了你的一本书，看到了封面内折页上有你的邮箱，就想给你写一封信。

我是大一学生，或者说一个月前还是，但现在不是了，因为我休学了。

我休学没有什么特别的原因，但是我考虑了很久，就是在学校待不下去：对专业非常不喜欢，也不擅长，听课对我就是一种折磨；我本人性格内向敏感，为了与同学相处，很多时间我都要装开心，迎合他们，我怕被孤立。本来室友关系还勉强，后来因为一件小事跟室友闹翻了，我就休学了。

下学期我要回学校，但是我依然害怕。

——"悲伤逆流成河"

我的回复：

我分两个问题来分析一下。

（1）在大部分年轻人的成长道路上，宿舍是一个绕不开的地方。

事实上，一个人在成长过程中，对其影响最大的，往往不是什么宏观的社会背景或什么宏大的社会叙事，而是与你关系最近的人：你的父母亲、从小欺凌你的一个邻居女孩、一个天天在校门口等着打你抢你的校霸、一个"三观"不正的颓废朋友，或一个恶意孤立你的室友。

而室友关系，又几乎直接影响了一个人的价值观、生存状态、快乐指数、学习效率、心理健康，甚至人生走向。

室友关系，决定了很多人的状态：如果室友上进，那么多半会带着你也上进；如果室友炫富，那么你多半会渴望发财；如果室友玩游戏，那么你多半会抵抗不了诱惑；如果室友暴躁，那么你多半会活得小心翼翼；如果室友昼夜颠倒地闹腾无度，那么多少会影响你的作息和学习效率；如果室友喜欢拉小圈子，那么你要么违心讨好，要么被孤立排挤。不论是什么情况，都会在一定程度上影响你的性情或心态。

所以，可能出现的情况是，一个本来健康的人，在与室友相处一段时间之后，心理开始变态。比如，2004年马加爵事件，锤杀室友四人；2013年上海博士生投毒事件等（可自行百度搜索）。

除了这些极端事件引人关注以外，还有更多的问题被人们忽略了：有些人因为宿舍关系不好，而开始心理压抑；有些人被室友孤立，而产生抑郁或神经衰弱；有些人因为跟室友闹翻而被迫退学；还有一些人因为室友关系问题频繁出入学校心理咨询室。

（2）人际沟通能力，是人们经常忽略的一种重要能力。

大二学生昭昭跟我说过："我的父母只问我成绩排名多少、吃得饱不饱、穿得冷不冷、有没有钱用，从来没关心过我是否迷茫、是否喜欢大学专业、人际关系怎么样。他们不知道，我最痛苦的地方，不是成绩，而是孤独和迷茫。"

这是我们教育缺失的地方。很多家长不懂教育，不知道孩子最痛苦的地方是什么。他们只是简单地认为，成绩等于教育，而不知道心理健康、健全人格、人际关系、人生规划、兴趣爱好、自我认知，都属于教育的范畴，甚至是更重要的东西。

相当一部分人缺乏对教育的认知，尤其是对软实力培养的认知。

人际关系是父母不会过问的问题，也是老师们普遍难以顾及的问题。但这种问题，小则影响学习，大则导致心理变态，甚至造成恶性案件。

很多学生因为人际关系问题给我大倒苦水：为了逃避糟糕的宿舍关系，我整天外出自习，但学习效率很低，学习时间花得最多，但成绩反而最差。我打开书本坐在自习室里，但大部分时间和精力都用在揣测人际关系、品味寂寞、消耗情绪上面了。

所以，你能说，人际沟通能力，这种老师不教、学校不考、父母不问的软实力，还能视为一种不重要的能力吗？

我可以明确地说，它几乎比任何一种能力都重要。

你专业成绩学不好，也许只是拿不到奖学金，或考不上研究生。但人际关系不好，则直接导致你注意力分散、精神抑郁、神经衰弱、心理变态，甚至杀人或自杀。

因为人际关系问题引发的悲剧，不仅发生在宿舍里的学生之间，也发生在家庭里的夫妻之间、婆媳之间、恋人之间。

而在职场上，据我十年来的观察，事业发展好的，人际关系普遍也比较好（跟老板、跟同事、跟客户）；混得差的（被辞退、被排挤），人际关系普遍也比较糟糕。

7. "活死人"是真实存在的

我是江西的一名大二学生，很喜欢看您的微信文章。

我知道您现在做的是软实力教育，普及的是人生规划、人际沟通、演讲表达、情商、商业思维、组织领导力等软实力，我觉得这些努力对当代学生来说非常有意义。

我能意识到软实力缺失的严重性，是因为这样的一些事情：

我走在校园里不止一次遇见过这样的人：穿着搭配略显奇怪，畏首畏尾，眼神飘忽不定，肢体动作略显拘束，不会跟人说话，甚至有些人都不会笑。

我看到他们总感觉到心有些痛：读了这么多年书，却那么自卑、封闭，不敢跟人交往，甚至不知道自己喜欢什么。

昨天，我在校园里遇见了一位闲逛的学生，就主动上前跟他聊天。他说他现在大三，但这是他第一次逛校园。我当时就惊呆了！

他说，平时他的生活都是宿舍、教室、食堂"三点一线"，寝室旁边新开了一个恒温游泳馆他都不知道。从进大学到现在，他一直在玩"撸啊撸"（"英雄联盟"游戏）。他说他现在非常后悔，学了三年专业，感觉什么也没学到，也不知道毕业以后能干什么。

他也不会与人沟通交流。我跟他边走边聊了三个小时，他很激动，反复跟我说，这是他三年来说话最多的一次。

我为什么会觉得软实力很有必要？因为传统教育不重视人际沟通能力、自我规划能力、自我学习能力等。所以，相当一部分人，在大学以前一直需要有人管着，习惯了按部就班，但到了大学，没人管了，没人引导了，就一下子乱了阵脚，处处都成了问题。

这样的人我身边确实不少。

——"击鼓奋进"

我的回复：

这位"三年来第一次逛校园、第一次说这么多话"的同学，确实很让人心痛。

也许这种局面的形成，不仅仅是他疏于自我管理，也可能是因为传统教育的某些缺失，如你所说，我们的传统教育没有重视过人际沟通能力、自我规划能力、自我学习能力等软实力。

有人把这类人称为"活死人"，意思就是活着跟死了没什么区别：反正他们也不说话，也不参加活动。是否出现在班上，没人会注意；是否回到宿舍，没人会在意；走在路上，其实也相当于空气；如果哪天不在了，估计也没人会在乎。

我觉得还是挺悲哀的：很多人虽然活着，但跟死了没什么区别。你虽然每天也活在人群中，但没有任何人注意到你的存在，跟鬼魂一样。

有人会怀疑，这不可能吧？

我想告诉你的是，这是真实存在的，更奇怪的案例我都见过，我曾经也怀疑过。很多人可能因为生活环境不同，无法理解另一类人的生存状况。但是，世界之大，只有你想不到的，没有不可能的。

六、来信问答：父母与教育

> 教育，不应该只是追求一个高分，更要培养一个人健全的人格、健康的心理、独立的思考能力。家是一个让我伤心的地方，在这里我只能感受到冷漠。感觉他们对我就是投资，毕业后是要回老家回报他们的。

1. 童年阴影给我造成的人格缺陷

老师，你好！

在上学的公交车上，我看完了您的书，受益良多。同时，您的经历也激发了我对自身经历的反省。我一直在改变，但改变中还有一些迷茫，所以，希望与您分享。

小时候的生活经历对我的性格造成了巨大的影响，到现在我还在努力改变它，但很多时候不得其法，让我很是难过。

9岁之前，有一位大我一两岁的邻居姐姐，一直是我的玩伴，但是她嫉妒心很强（小时候不知道那是嫉妒），比如，她讨厌我穿漂亮的裙子。有一次，我们都穿了裙子去参加别人的婚礼，在开宴前的闲聊里，她说我这条裙子特别难看。但我记得，我当时为了那个婚礼，选的是我最喜欢的粉色公主裙，是一个姑姑从郑州买回来送给我的，我平时都舍不得穿。而她穿的是一条比较素的白裙子。

当她说我的裙子特别难看时，我内心闪过的想法是：不会呀，这条裙子多好看啊！但不知道是反应迟钝，还是当时慑于她的"淫威"，我没有开口反驳。

她讨厌我找其他小朋友玩，又不喜欢与我分享东西。我清楚地记得，那时《猫和老鼠》很火爆，她家有这个动画的光盘，但是只要我一去，她要么直接关掉，要么暂停，直到我走了她才会继续看。有时候我忍不住回来再瞄一眼，但是她又会马上暂停。

她讨厌我参加一些集体活动，展示优美的样子。我参加学校舞蹈表演，她也嫌我太"袅"（"袅"读阴平，土语，意思是特别爱美）。我说这是老师教的，没办法。她说"你还敢回我嘴了"，然后就一巴掌扇了过来。

我从小就是她的跟屁虫。有时候她会说我们不要和谁谁谁玩了，我问为什么，她依旧不说话，扇我一巴掌就走。我也不敢再问，反而追着她道歉。

因为她太凶了，我就躲着她。有时候，一放学我就跑回家去，不想跟她结伴同行。第二天，她就会等在校门口，等我出现时揪住我的衣领，拉到一个没人的地方，然后边扇我巴掌，边问我还敢不敢再跑了，直到我说"不敢了"才会放过我。

我9岁以后，随父母搬家到了其他城市。那个姐姐在我搬家三年后因病夭折了，她有先天哮喘，发作的时候，没及时拿到哮喘抑制剂。

这段往事不堪回首，我也没和家人说起过，因为担心被父母呵斥，也担心因此与那位姐姐的关系更加糟糕。我爸爸都不知道，她女儿小时候在他眼皮子底下被欺负成这样。

也不是因为我父母不好，我才生活在那个姐姐的阴影里。而是因为我妈妈在另外一个省教书，常年不在家，我小时候对她都没什么印象，只记得她一年大概回来两次。而我爸爸是个货车司机，常常跑长途，我有时候一星期都见不到他。因为常年没人陪伴，所以我才会受那个姐姐的影响那么大，因为接触最多的就是她。而且，我害怕被孤立，即使她对我不好，我也会跟着她屁股后面，被打被骂都要讨好她。而她估计也是如此，虽然很讨厌我，但离不开我，她也需要伙伴。

我对她的感情很复杂。我恨着她，在得知她去世的消息时，我的心情甚至有一瞬间的激动，因为我觉得终于可以摆脱她了。是她把我的性格影响得一团糟，因为她小时候对我的欺凌，直接导致我形成了逆来顺受的性格，会下意识地讨好任何人。

但我又有点感谢她，是她让我在那么小的时候，就饱尝人性之恶。

也许因为我是外省来的人（当地人很排外），小学的同学都不喜欢我。男生会揪我的头发，会从身后把我推得直趔趄。如果我向老师反映情况，同学就认为我爱打小报告，会更加排挤我。

于是，我养成一种性格，为了让人喜欢我，我会努力讨好每一个人。但我当时并不知道，这些近乎谄媚的语言和行为，让人家更加看不起我，更加觉得我好欺负。他们排挤我、嘲笑我，比对班上其他同学过分一百倍。这让我几乎无法和同龄人相处。

我在当时那个年纪就受尽了冷眼，这种情况一直延续到了初中。所以，这种讨好型人格植入了我的骨髓。直到现在，我还在努力改变当中，但每一次努力都很艰辛，行为习惯和长期养成的意识太难改变了。

也许您很奇怪，为什么这样的经历还没有把我"废掉"。我也在想，我为什么没有堕落、没有变坏、没有自暴自弃，也没有太多心理疾病，甚至还能自己爬起来努力做改变。我仔细想了想，是爸爸对我的影响。

我爸爸非常强势，脾气也非常火爆，我小的时候被打过无数次。但他也有优点，比如，我很爱问他问题，而他几乎每次都会耐心地回答。

这也是我现在最感谢我爸爸的一点：每次我问他什么问题，他在解答之后，总会给我拓展一些更本质的东西。

他会跟我说，孩子，你看，从这一点就可以看出这是什么样的人。从这个词就可以看出，他的用意是什么……

他说，你看到这些东西，要去想想它背后的东西。外行看热闹，内行看门道。我希望你能看透一件事的本质，这样对你非常有好处……

我爸什么事都和我说，无论当时我懂还是不懂。我记得有一次看电视剧，看到一对恋人接吻，我当时觉得这在现实中是不会出现的。但是爸爸说，你以后也会有恋人，也会和他接吻。但是，孩子你答应爸爸，在你大学之前一定不要考虑恋爱的事。我说，好。

这是我9岁以前的事，那时候我们还未搬家。但我确实记得很清楚，还记得当时家具摆放和爸爸站立的位置。

我还很感谢我爸爸的一点，是他坚信"他女儿是优秀的"。他其实不会教育小孩，但在这一点上，他十分出色。

大概小学五年级时，我爸爸对我说：孩子，我们和那些有背景的家庭不一样，我们家没关系，只有靠你自己努力。你看，你现在得到的，都是你自己努力争取来的。你看，你能被选进学校合唱队，是因为你在小歌手比赛上表现得好。还有，你看你的演讲，现在学校一有演讲比赛就叫你参加，全是你努力得来的……

我很感谢爸爸当时对我说的这些话，让我坚信我得到的东西都是自己努力的结果。所以，在那些家境优越、神情倨傲的人面前，我虽然下意识地赔着笑脸，但我内心是很不屑的。我建立了当时骨子里可能未被自己发觉的一种自信，这些让我渡过了当时的难关，最终没有被废掉。

到现在为止我都在想，幼教和小学教师应该由最优秀的人来担任，孩子小时候的教育实在是太重要了，影响实在是太深远了。

举一个反面例子。

我有一个小叔叔，因为他是最小的儿子，最受我奶奶宠爱。他从小就养成了不能吃苦的毛病，经常偷家里的东西换钱挥霍，而且说谎成性，到了可以直视人的眼睛说谎的地步。他长大后四处诈骗，我爸妈的亲友全无幸免，最后家都不敢回。我爸爸不知道帮他还过多少债，就因为那见鬼的兄弟情分。后来他在山东被逮去坐了牢，妻子要和他离婚，他还死赖着不肯，后来似乎还是离了。但他出狱后依然死性不改，继续诈骗。

我妈妈也是急脾气，她看见小叔叔这样，特别怕我会重蹈他的覆辙，所以对我很严厉，严厉到让我觉得她十分讨厌我。我很伤心，觉得妈妈都讨厌我了。但我没觉得妈妈不好，因为从小吃亏吃习惯了，我觉得别人讨厌我是理所应当的，就是有这种很畸形的心理。

家庭教育对孩子的重要性，还可以从我妹妹身上看出来。

我妹妹比较幸运，她几乎从小就在妈妈的陪伴下长大。我比较过我和我妹在交友上的差距，她人缘超好，朋友有什么事都愿意和她说。好友的质量也比我高出一大截，她的那些朋友我也认识,都是特别上进的那种,有着强大的号召力和魅力。

我现在一直尝试着改变,但童年经历造就的逆来顺受、讨好型性格,却如影随形般难以摆脱。

我经常下意识地接过别人甩过来的任务,接了之后又觉得不应该答应。我不会拒绝,经常导致那种老好人的状况,常常把自己累得半死,可是下一次还是没办法拒绝。这是我最苦恼的事。

我有时候会讨厌与人交往,因为我的性格摇摆不定,我很难给自己准确地定位。

我有时候很渴望得到一份正常的家庭教育,就像我高中时交往的一个好友,她是那种放养型的,她的父母教育很成功,体现在她人格魅力强大,吸引了各种朋友在身边,我也是被她吸引才做了朋友。

我十分羡慕成长在正常环境中的孩子,他们大多拥有良好的品质。虽然小时候并不出众,但长大了就会凸显出来。我一个同学就是这样,小时候普普通通,但从初中开始就突飞猛进,她有强大的自制力、乐观开朗的性格,我望尘莫及。

我仍在为小时候的经历买单,我想挖去这段生活的不良影响,但很辛苦,现在也依然很迷茫。

——"摇曳的孤星泪"

我的回复:

看完你的邮件,我很震惊,所以也想表达一下自己的感受。

(1) 我们应该反省教育的目的

教育,真的不应该只是考得一个高分、学好一个专业、获得一个文凭,更重要的是要培养一个人健全的人格、健康的心理、独立的思考能力和自我学习能力,能够做到正直、善良、热爱生活。

这些原本是教育的基本义务，但我们还没有做到。

文中的"那位姐姐"，就是因为性格和心理的缺陷，导致她成了一个"作恶"的人。她性格里的嫉妒与狭隘：嫉妒别人穿漂亮的裙子，嫉妒别人跟其他伙伴交往，不喜欢与别人分享动画片等；她性格里的残暴：动辄甩别人一巴掌。这些都是家庭教育和学校教育的缺失造成的。

（2）不仅子女需要学习，父母也需要成长进步

父母不合格，别说在人生规划、社会变化、专业发展方面给不了孩子需要的建议，就连对自己的孩子都未必能进行正确的认知，甚至，连一点有效的人生感悟和为人处世的经验都没法给予，让孩子们瞎摸索、被排挤、被孤立，甚至被欺负。

那些让子女在书房看书，自己在客厅看电视，或出去打麻将的父母，你们或许真的需要反省一下，什么叫言传身教。

那些只关心子女吃没吃饱、穿没穿暖、有没有钱用的父母，或许你们真应该关注一下子女的价值观、兴趣、人际交往等困扰他们的问题。

那些强行让子女按照自己的意志考公务员、当老师、谋个所谓稳定工作的父母，估计你们不懂得社会变化所导致的价值观多元化；你们不懂得现在很多年轻人与其向往稳定的工作，更向往有挑战性、有成就感的工作；你们不懂得为什么他们看不上你们当年的"铁饭碗"，而去追求你们曾以为不能当饭吃的唱歌、插画、电竞。

如果不懂，请放手。

（3）老师要了解软实力方面的知识

过时的老师，只知道讲解知识点、批改作业。教小学，只懂小学；教初中，只懂初中。

一个好的老师，不仅要讲解知识点、批改作业，还要关心学生的性格成长、心理健康、人际关系，甚至影响和培养他们正直、进取、热爱生活的价值观。

作为一个老师，如果只知道成绩不好、考不上学校对一个人的未来影响很大，而完全不知道一个学生自卑、人际关系恶劣、不了解自己的兴趣、迷茫等问题对未来的巨大影响，那也是不合格的。

一个好的老师，除了知道成绩、证书、学历等硬实力的重要性，还应该懂得性格培养、兴趣探索、自我认知、自我定位、情商训练、人际交流等软实力的重要性。

（4）沟通交流，是一个家庭最重要的能力

"摇曳的孤星泪"从小被"那个姐姐"欺负，但从没跟父母讲过，因为担心被呵斥，因为担心关系变得更糟，因为担心童年成长中这份糟糕的陪伴关系也会失去。

这就是家庭缺乏沟通交流的后果。

在从事软实力教育的多年实践中，我发现太多因为缺乏家庭交流所导致的负面案例。

小时候是留守儿童的，情商低的比较多，究其原因，主要是长期缺乏外界反馈。比如，小孩子说了一句错话，做了一件让他人不舒服的事情，由于没有长辈陪在身边，所以得不到及时发现和指导。因为缺乏他人的情绪反馈，他们并不知道自己的言行是不受欢迎的，也不知道自己的言行是有问题的，更不知道正确的做法是什么，甚至，他们并不知道他人是怎么想的。所以，长期积累下来，他们的情商就变得相对较低。

比如，很多学生，除了要钱几乎从来不跟父母通电话。因为他们不知道该跟父母说些什么。这就是家庭长期沟通不畅导致的结果。

不少学生告诉我，他不想待在家里，过年都不想回去。要么因为家里经常吵架，"作死一样地吵"；要么因为干涉，"强迫我考研"；要么因为批评，"成绩下降了，得到的不是安慰，而是数落"。

有一个两年前的案例，我至今记忆犹新。

一个大四学生告诉我说："中学的时候，家里不富裕，父母工作也不如意。我每天最难过的时间是傍晚的那两三个小时，常见的情景是，一家人吃过晚饭，一起坐在狭窄的客厅里，也不开电视，也不做其他的事情，也没有一个人说话，就彼此这么静静坐着，各自想着各自的事情。那种沉默的气氛，让我现在回想起来都感觉窒息。"

这个案例带给我很大的震撼。虽然我没有经历过这种场景，但我能想象得出来。如果我在这样沉闷的氛围中长大，我要么会憋出心理疾病，要么会变成神经病。

所以，我早早地做出了设想：如果我做了父母，家庭沟通是第一重要的事情；小孩子的沟通能力，是第一重要的能力。我不想小孩子在外被人欺负了，还不敢回家跟父母说；我不想自己的孩子跟自己没话说，每次跟自己通电话，只是为要生活费；我不想自己的孩子不想回家，不想让我经营的家是一个让孩子难熬的地方；我不想自己是一个沉闷无趣的人，以免孩子在沉闷的氛围中长大。

我会不断学习，会让自己变得更加有趣。一对有趣的父母，会让子女更快乐地成长；一个有趣的老头，会让子女更愿意回家看望。我现在很喜欢一句话——美丽的皮囊千篇一律，有趣的灵魂万里挑一。

（5）一些落地的解法

"摇曳的孤星泪"，感谢你跟我们分享你的经历，我相信包括我在内的很多人都会从你的经历中学到很多，也会让所有从事教育的人或与教育相关的人更深刻地理解教育的内涵是什么。

当然，令我最感欣慰的是，虽然经历了那么黑暗的童年，现在的你依然这么善良、顽强、上进。"这是你一直在努力的结果"，我跟你爸爸要说的话是一样的。

至于一些具体的解法，如何摆脱讨好型人格的困扰、如何学会拒绝，我想你已经看了很多书，或听过很多人的建议。我的书里也讲了很多人际沟通的技巧。与其总是一个人瞎琢磨瞎想，还不如先行动起来。我这里只跟你分享两句话："培养一两个爱好，与快乐的人在一起。"

与快乐的人在一起，你才会变得更加快乐，这是肯定的。

但如何跟快乐的人在一起，快乐的人为什么要跟你在一起，这是个关键。

如果莫名其妙地为了跟别人交往而交往，为了跟别人说话而说话，为了跟别人搭讪而搭讪，这多少有点无趣，而且，只会强化讨好型人格。

那么如何跟别人交往才会更加自然呢？

答案：通过兴趣与他人交往。

比如，你喜欢跳舞，不论你会不会，你只需要跟在别人后面（可能需要交点学费）舞动就行。然后你自然有话要问老师，老师自然会跟你交流。这里不存在搭讪、谄媚、讨好，只需要用兴趣交流。

比如，你喜欢唱歌，只需要加入声乐协会或类似的圈子。你们不需要没话找话说，你们只需要讨论发音技巧、歌曲流派，这是很自然的事情。

比如，我喜欢软实力，那么我会跟老师们交流探讨职业规划、学生发展；我会跟企业家交流探讨战略设置、团队管理、企业文化；我会跟媒体人员探讨品牌打造、文章写作、社群经营；我跟公司员工开会，会分析学生问题案例、学习职业技能。

为什么我跟别人就有那么多话说？因为这些都是软实力的范畴，是我喜欢的圈子（兴趣或职业圈子）。跟圈子里的人说话，从来不缺话题。

我的意思是，你要通过培养兴趣找到自己的圈子，兴趣相同的人在一起才有人生交集。没有共同兴趣的人在一起也没有交集点，就算你强行挤入，也是多余的存在。这就好像同一宿舍的人、同一班级的人，甚至同一家族的亲戚朋友，都未必有共同的兴趣。所以在本质上，这些本应该亲近的人并不会有太多思想的交集，在一起也未必有很多话说。而那些一起玩游戏的人、一起看NBA、一起做公益的人，就会聊得很嗨，因为那也是兴趣交集所在。

兴趣爱好不仅是生活中的唱歌、跳舞、打球，也包括职业方面的兴趣爱好，比如痴迷写作、热衷财经、研究营销、沉溺广告、喜欢创业、乐于组织，等等。

没有兴趣爱好？那就培养几个。

最终的衡量指标只有一个：做这件事一定要令你快乐。

2. 父母从没学会鼓励我

老师，我是一个大三的学生。虽然我没有内向、自卑、胆小等弱点，到哪儿都能嗨起来，但也时常感到迷茫。

迷茫的原因，一是我的会展专业。我是被调剂到这个专业来的，我查过，行业工资偏低，要学习的东西很多，学姐、学长说我们四年就学了皮毛，要达到行业要求就得考研。但我并不想考研，因为我不喜欢那种生活，而且我觉得自己不适合深造。

二是我和父母的关系。父母没读过什么书，见识也不广。填报志愿的时候就想限制我，他们就想我在贵州读书，主要考虑的是：就近，花费不大。他们一直说的几句话就是："我就不信，在贵州读大学会找不到工作"，"让你考公务员你不考，让你当老师你不当，让你做医生你不做，偏偏要学些乱七八糟的东西（指我当时填的会计专业）"。

他们总是拿自己的见识来左右我。我到北京读书，他们一点也不高兴，反而天天骂我，怪我报那么远的地方，说我一直用他们的钱却不知道心疼他们。

我的父母很早就出去打工了，我算是留守儿童，从小跟爷爷、奶奶一起生活。与父母相见只有在过年的时候，但我们从来都不亲，在我记忆中，我们没有开过玩笑，爸爸、妈妈没有抱过我，也没有牵过我的手。

甚至，他们都没鼓励过我。因为我小学成绩一直是班级第一，他们已经习惯了，所以没有学会鼓励。初中以后，我不再是班上第一，他们就一直说我不认真，说我只会玩。每次考不好，他们就只会骂。

他们把钱看得特别重。初一的时候，我生活费不够用，一天就吃两小袋炒粉，然后闹出了胃病，一直影响到现在。

我印象最深的一件事，是我在高三的时候经常头痛。有一天，我奶奶住院了，我说，我也顺便检查一下吧。我妈就很不高兴，她说，检查不要钱啊？那些药不要钱啊？

检查结果出来，我的健康状况还好，没什么大病。我妈又说了一句让我很心痛的话："没病也去检查，真是拿我们的钱不当钱啊！"然后我就想，要是我头部真有啥严重的问题，她会不会真的不给我治疗？

初中的时候，爷爷、奶奶经常生病住院，但每次都不能恢复好，我爸妈就要求他们出院："让住那么久，医院就是想骗钱。"

钱、钱、钱，在他们眼里都是钱。

寒假回家，他们也是天天吵架，真的是贫贱夫妻百事哀，穷人脾气大。自己吵完还不过瘾，还会找我吵：说我骗他们，说别人家的孩子从来不与父母吵架、别人家的孩子会心疼父母、别人家的孩子听话、别人家的孩子勤快……。总之，别人家的孩子事事都好。我多想说，别人家的父母会理解孩子、别人家的父母会鼓励孩子、别人家的父母和孩子很亲、别人家的父母对爷爷奶奶很好、别人家的父母不会打孩子……，但我最终没有说出口。

这样的生活环境让我比同龄人更加独立，但进入大学后我还是很迷茫。父母说，要是我在这边工作，就白养我了。我感觉他们对我就是投资，以后是要回贵州老家回报他们的，而且以后要是嫁出去，他们在我身上花的钱就白费了。

但是，会展业在贵州并不发达，而且工资很低。我现在完全迷茫了，以后我能干什么？我只知道，我不能回贵州工作，一是我要追求更好的职业发展空间，二是我要脱离父母的控制，我不想回去活在吵、吵、吵的阴影里。家是一个让我伤心的地方，在这里我只能感受到冷漠。

——"倔强的凉凉"

我的回复：

我直接来解析这些问题。

第一，客观来讲，人的成长，是要挣脱某些东西的。

这些东西，可能是自身的自卑胆小，可能是你越来越难以适应或容忍的成长或生活环境，也可能是父母的偏见和束缚。

举个例子。2010年的时候，我遇到一个很能干的大四学生，不论是能力还是悟性，或者是意志力，我觉得他都是一块创业的好材料。于是我很赏识他，想带着他一块创业。他刚开始也答应了，但过了一周，他告诉我，他觉得还是不去创业了。他说："你父母才50多岁，你折腾几下，失败了，没什么。而我父母已经60多岁了，我经不起失败，我父母也不愿意看到我的未来不太确定。"

我当时觉得很可惜。他就是因为内心有些束缚，比如父母家庭，所以他就没有去做可能很适合他的尝试。

同时，看了这么多被父母意志干扰、被家庭意见束缚的案例，我也更加珍惜自己的境遇：我的父母从来不干扰我什么，不仅如此，他们总是说："不要管我们，我们自己还能动，还能养活自己，你就先去折腾吧，去做自己想做的事。"这让我特别感动。所以，一路走来，我选择读什么大学、填什么志愿、选什么专业、考不考研、选什么工作、去哪个城市、创不创业、买不买房，甚至跟谁恋爱、何时结婚，他们都不管我。不是他们不关心我，而是因为他们相信我。

慢慢地我明白了一个道理，一个人能不能做一番事情出来，不仅取决于自身的能力，还取决于一些客观条件，比如，是不是有人在后面束缚你、干扰你、拉扯你。

第二，解决问题，还是要抓本质。

你家里的问题，表面上是你父母的性格引起的，而更本质的原因，是贫穷引起的。

为什么所有的事情都是钱、钱、钱的？为什么孩子读书在乎钱、老人看病在乎钱、嫁女在乎回本？因为一直以来穷怕了。

所以，如果要从根本上解决你家里的吵闹问题，应该从挣脱贫穷、走向富裕开始。

可以想象，不论你是否回贵州工作，只要你的工资很低，只要你买房、结婚还需要资助，只要你无法帮助他们摆脱贫困状态，那么，"钱"这个字，就一直会如阴影随行地盘踞在你们家。

但换句话来说，不论你到哪里工作，不论你离家远近，只要你能变得富裕、变得让他们有安全感，最终，他们都可能对你喜笑颜开。

当然，他们没受过太多教育，并不知道自己的根本诉求是什么，或每一个要求背后的本质东西是什么。这个世界的很多人，都以为他们追求的过程，就是他们要的结果。但你是个受过教育的人，应该知道分析问题的本质。

第三，你应该学到什么？

一般来说，我们没有能力改变他人（包括家人），但我们可以从中学习。比如，自己如何做好一个父母。

比如，你会随着社会的变化，持续更新就业观念吗？你还会认为最好的工作是老师、医生、公务员吗？

比如，你是不是以后也会用有限的、落伍的见识，去干扰孩子的选择？或者，把自己的意志强加给他们？

比如，你是不是开始注重健全的人格修炼？你还想不想像上一辈一样，因为一点屁大的事情吵个不停？

比如，你是不是注重沟通表达能力的培养？是不是还会让你的孩子感觉不到你的存在？

比如，你是不是真的懂得在培养孩子的过程中，不懂就要放手的道理？

七、来信问答：在贫困中挣扎

> 人类工作的本质之一，是通过做一件服务于他人的事情，来换取自己生存所需的资源。都说少年不识愁滋味，可我从小就浸泡在贫困的忧愁里并一直到现在。想到毕业后走向社会，就会有一种莫名的恐慌。是癌症，还是贫困夺走了我父亲？不要在低层次的工作里打转转，怎么摆脱低端的兴趣尝试？

1. 如果我对商业有认知，还会这么穷吗？

看了你的书，其中"被阉割了商业思维的人"这一章，让我感触很深。

我家一直很贫困，我也一直想改变这种状态，可是我现在都大三了，还依然不知道该具体做些什么。甚至，除了发过一次传单外，我还没做过别的事情，因为我不知道怎么去赚钱。我家里没有人做过生意，在我受教育的过程中，从没人教过我商业知识。也许，我就是那种"被阉割了商业思维的人"。

或许没有人相信，我家那个地方很干旱，有时都只能喝别人洗过衣服的脏水，更别说洗澡了，小时候可能一年洗一次澡，甚至整年不洗澡。我家和外面基本没什么交集，也没什么人来过我家。

我从小到大都是穿别人给的旧衣服，甚至到现在，身上还穿着一些旧衣服。我也从没想过什么衣服更适合自己，反正不要花钱买就好。

初中时，我宁愿走6小时的路回家，也舍不得花10块钱坐车。8毛钱的白米饭加1元的青菜，我也能吃得很香。有时候实在没生活费了，中午就假装吃不完，留点剩饭到晚上吃。

我家五口人，弟弟读高二，妹妹读初一。妈妈有精神问题，不会看时间，不会用钱。家里就靠爸爸在工地做苦力，一个人支撑全家的开销。我之前劝他去学技术，他说记性不好，学不会。

家里从来没有用过沙发、电视这类家具或电器。窗户有框架没玻璃，用硬纸板封住，纸板是捡来的包装纸盒，大小不一致，窟窿很多，所以经常有各种户外的野虫爬进来。我真的很怕蛇，每次一见到相似颜色的东西就会吓哭。

两层楼的瓦房，天花板是用竹子编的，经年累月，上面积满了灰尘，偶尔会有灰尘从上面落下来。有一次睡觉醒来，嘴巴不小心接住一团灰，卡在脖子里。

爸爸容易陷入负面情绪，每天晚上躺在床上想这想那，睡眠不好，白天就会萎靡不振，动不动就睡一个下午。他脾气有时候很暴躁，每次打我都下手很重。

奶奶虽然也攒了一柜子的新衣服，但基本不穿，都锁起来，说等她过世了，折叠好放在她身边。

因为一直这样贫困，我没参加过什么才艺培训，也没用过电脑，这些终究造成了我发展道路上的短板：因为没有才艺，所以经常缺乏表现机会，在班会、晚会上，永远都是围观的那一个；到现在为止，面对很多人讲话都会紧张得语无伦次；到现在为止，电脑打字也不够快，办公软件用得也不熟；至于见识，应该也比别人差好几个层次吧。

我也不会赚钱,因为从小我的父亲和老师都禁止我接触商业。我想改变现状,但我学的是专业化学。

我该怎么办呢?

我的回复:

要改变贫困,有两种途径。

一种是努力学好专业,或一技之长,然后找个跟自己技能对应的、薪酬尽量高一点的单位,然后踏实工作、出成绩、评职称、升职位、加工资。这是绝大部分人的发展路径。按照现在社会的薪资水平,普通人毕业后,在事业单位拿个四五千的薪资,或在企业拿个五六千的薪资,虽然不至于财富自由,但缓解贫困还是可以的。

我们"软实力教育"有个学生,也是来自贫困家庭,学自动化专业,2012年毕业后去了沿海一家手机企业做研发。一年下来,薪资加奖金,大概也有二三十万。

一种是直接从事与商业有关的工作。比如创业、做销售等。这需要你有更强的商业思维等软实力。

但现实的问题,也许不仅仅是很多人没有商业思维,对商业的基本认知也不到位。

很多学生告诉我,他们的父母反对他们接触商业,觉得商业就是赚他们的钱;他们的老师反对他们接触商业,因为觉得商业都是骗人的。

他们只看到金钱的流动(钱从自己的口袋跑到了别人的口袋),看不到价值的交换。

这些肤浅的认知,都导致很多学生被阉割了商业意识。

商业是社会发展到一定阶段的产物,是经济社会的重要组成部分。

商业促成了物品的流通,尤其是促进了人类的劳动分工。在商业不发达时，每个人自给自足：要吃肉，自己喂猪；要吃饭，自己种田；要穿衣，自己织布；要写字，自己造纸，自己制笔；要赶路，自己造车……。你都可以很简单地推测到，因为没有分工，所以每个人做的事情都杂而不精。

但自从有了商业，有了商品交换，人类就走向了专业分工：有人专门负责喂猪，有人专门负责种稻米，有人专门负责教育，有人专门负责设计和生产衣服，有人专门负责桥梁建筑，有人专门负责研发汽车，有人专门负责研发通信设备和手机，有人专门负责登月……。因为有了分工，每个人都可以专门地、一心一意地去研究一件事情，技术就越来越专业，最后促使社会获得更大、更快的进步。至于负责研发通信设备的人，也不用担心没有饭吃、没有衣穿，因为可以通过商业来换取所需的生存必需品。

简单通俗地讲，商业的意义就是如此。

上年还有一个学生问我：如果大家都去从事商业了，那这个社会谁来创新？

呵呵，这又是一个对商业认知肤浅的问题。

商业的主体是企业，而企业跟家庭一样，是社会的细胞和基本组成单位。

应该说，整个社会的大部分科技创新，都是由企业来完成的。不然，你还能指望谁？在村口晒太阳的大爷？在厨房里做饭的大妈？还是靠政府？政府的主要功能是管理和服务。

没有微软公司的创新，你就没有 windows 用。

没有苹果公司乔布斯的创新，手机还停留在功能机时代。

没有谷歌、百度等网络搜索公司的创新，你还只能在书刊或门户网站去获得资讯。

没有高德地图、百度地图等企业的产品创新，你开车去陌生城市，只能在路口找一个举着"带路找我"牌子的大爷带路。

没有支付宝等企业的产品创新，你现在还得去银行排队转账、交话费。

没有微信等企业的产品创新，你现在还在因为短信费透支，然后经常去电信公司交钱。

没有美团、饿了么等公司创新了送外卖的方式，你现在宅寝玩游戏到半夜，饿了只能吃方便面。

没有滴滴等企业创新了打车方式，你现在在寒冬里只能站到路口瑟瑟发抖地等待一辆永远不知道何时才会出现的出租车。

怎么样，还要我继续给你举例下去吗？

商业为什么促进了创新？

一方面是因为分工，分工促使各领域的人们越来越专业。一方面是商业要赢利，要赢利就要创造价值，只有创造了更大的价值，才能赚更多的钱。所以，赚钱是社会进步的动力之一。

有人说，我不想跟商业有任何交集。

不好意思，你做不到。除非你回到原始社会，或躲回深山老林，不然你的生活永远缺不了与他人交换物品。而且，不论你在哪个行业、哪家企业工作，都是间接或直接地从事商业活动，不论你是从事不直接面对客户的研发和管理，还是从事直接面对客户的销售和客服。

人类工作的本质之一，是通过做一件服务他人的事情，来换取自己生存所需的资源。哪怕是你自认为跟商业无关的老师和医生，本质上也是在给他人提供服务，换取自己所需的生存资源。

以上只是商业的基本概念。国家已进入市场经济25年了，我希望大学生学点基本的商业、市场和经济学常识，拓宽自己的视野和胸襟，适应时代发展要求，不要甘愿做一个"商盲"（我临时创造的词语，指对商业无认知的人），从而摆脱贫困的生活。

2. 贫困的悲哀

贫困对我的自信造成了一定的打击。

贫困不仅表现在我是我们班穿衣服是最土的，而且是最没特长的。因为贫困，我哪里都没去过，我应该也是全班最没见识的。

现在我越来越不舒服的地方，是室友们干啥都开始不叫我了，因为我之前拒绝他们的次数太多了。以前，他们每次叫我去逛街，我都不去，因为没钱；每次叫我去聚餐，我也不去，因为花费对我来说太奢侈了。所以，只要是活动，我都要想一想，这得花多少钱？

我大学里要用的东西，小到一支笔、一块橡皮，都是我从家里带来的，尽管我家距这里几千公里。因为家人觉得外地的东西可能会贵一点，所以会把一切东西都给我准备好了。

我是家中长女，家里还有弟弟、妹妹在上学。爸妈都是农民，他们从14岁起就开始打工，打了一辈子的工，仍不能摆脱贫困，现在更是负债累累。

爸爸腰椎间盘突出，还有高血压，不能干重活。妈妈怀着弟弟时，坚持在工厂熬夜加班，最后累得晕了过去。弟弟先天不足，从小身体就不好，经常生病住院，妈妈也因此落下了病根。

近几年，因为我的大学学费和我弟妹的学费、生活费，加上奶奶生病的医药费越来越多，家庭经济情况更是雪上加霜，妈妈夜夜失眠，精神都要崩溃了。她无计可施，连饭钱都开始省了，要么是开水泡馒头，要么是每餐一根油条，营养不足加上饮食不规律，因此弄出了胃病，也需要经常看医生、吃药。

我是痛恨自己的，恨我自己没能力帮助他们。虽然从小学开始我就帮小卖部卖东西、初高中到食堂帮厨、在大学做兼职；生活费也是能省就省，一天吃两餐，每餐一个饼，饿的话就两个，可还是帮不上父母什么大忙。

甚至因为妹妹曾想要一个玩偶，我还跑去献了一次血，因为听说只要献够400毫升就可以领一个玩偶。献完血回寝室后，我晕倒了。

她们都说，你干吗那么拼？

我说，我身体素质好啊，再说献血得来的娃娃更有意义。

只有我自己知道我与她们不一样。她们没钱了可以随时找父母要，快递收到手抽筋，每天谈论衣服、美食、电影。我没法和她们比，我每天都要斤斤计较地过日子，每天都为生计发愁。

都说少年不识愁滋味，可我从小就浸泡在贫困的忧愁里并一直到现在。

前段时间和室友出去买围巾，我问服务员："可以帮我拿那条围巾看一下吗？"

服务员直接对我说："这件99元，你还要看吗？"

我当时有点不舒服。我知道我买不起，可是连看一眼的资格都没有吗？

这种贫困的悲哀我体会了无数次。

我的回复：

你的经历让我难过又心疼。

从开始做软实力教育到现在十年来，贫困大学生我见过太多了。甚至有的毕业多年了还没有摆脱贫困：买不起房、没钱结婚、过年不敢回家的情况不在少数。

这就是为什么我一直不遗余力地讲商业思维的重要性、讲情商的重要性、讲自学能力的重要性、讲人际沟通等软实力的重要性。因为现实情况依然令人担忧：太多的学生读书多年却不会找实习，依然不知道怎么在每一次实践中学习，依然极度缺乏情商，依然不懂商业、不知道公司的基本运作架构及相关部门的能力要求。甚至因为缺乏人际沟通能力，不知道怎么跟室友、同学、同事、领导、客户交流。

但我还是不会跟人讲怎么赚钱，因为这是一个伪命题。

一个人贫困，肯定是因为能力不够。这一点应该没疑问。

所以，与其谈赚钱，我更喜欢谈提高能力。

而能力分为很多种，这大概是很多人没有认真研究过的。

在我们所受到的教育里，最重视的是硬实力，就是那些有证书可以证明的能力：你的文凭证明了你的专业能力，你的四六级证书证明了你的英语能力，你的计算机等级证书证明了你的电脑能力，还有会计证、建造师证、法律职业资格证等。当然，许多证书并不能完全代表实际能力。

传统教育严重忽视了软实力——那些没法用证书来衡量的能力：自律能力、性格品质、人格心理、沟通能力、表达能力、情商、学习能力、观察能力、组织领导能力、思维能力、眼界见识，等等。

没人给你发人际沟通能力证书，人际沟通能力就不重要了吗？

没人给你发情商等级证书，情商就不重要了吗？

就拿情商来说，小到生活中的说话和为人处世，大到工作中的管理、经营、客户交流、产品设计，无一不牵涉到对他人的情绪理解和移情、共情能力。

在我的这本书里，因为缺乏软实力引发的人生悲剧、家庭悲剧、校园悲剧，比比皆是。社会上由此引发的悲剧更是数不胜数。

人们对软实力这类能力的认知缺乏，也体现在对企业的部门架构和岗位设置上面。一个企业，严格来讲，由产品和销售两个部分构成。负责产品的部门更多是研发部、设计部、生产部等部门，其中研发部是技术扎堆的地方，属于明显的硬实力人才部门。但企业还有其他重要的部门，比如战略研究部、品牌管理部、公关部、市场部、销售部、客服部、运营部、新媒体部等,这些部门大多需要软实力和硬实力的综合支撑,甚至更多需要软实力这类能力。

限于篇幅,这里只讲了缺乏软硬实力是导致贫困的重要因素。具体各种软实力的训练方法,请参考我的其他著作或微信文章。

3."贫困与迷茫交加的胖子"

我是来自河南的一名在校大三学生,偶然在图书馆的小推车上看到了《大学生的"坟"》这本书,借来看了一遍,很有感触,所以想把我的困惑讲给你听。

我出生在南方农村,家里什么都没有,父母在我1岁的时候就外出打工了,20年中我们见面不超过10次。我是一个女孩子,但从小就学会了放鸭、拤桑叶、背苞谷;从小学开始,就学会了自己到学校报到、交学费。

我是一个很努力的人,从小到大一直名列前茅,高中考上了我们县最好的学校。但也就是在那个时候,我的人生发生了颠覆性的变化:县城的同学不仅穿着光鲜靓丽,在学习上似乎也比我聪明,我的成绩不再是值得炫耀的事情,各种自卑不自信如席卷而来的暴风雪裹挟着我,我的人生温度降到了冰点。

那种崩溃,给我造成了巨大的心理压力。我开始暴饮暴食,以至于我仅仅1.57米的个子竟长到了130多斤。我更加自卑了。

高考失利似乎已成必然,我考到了河南的一个二本院校,被调剂去了一个没什么感觉的专业,然后开始了各种迷茫。现在三年级了,我都感觉还没有学到什么,想想明年毕业要走向社会,就有一种莫名的恐慌。

不知道是不是因为父母长期不在身边,我的情商极度缺失。

我现在感觉自己僵硬、呆板、无趣，就像一台只知道读书的机器，其他的什么也不关心。

贫困也给我造成了严重的心理阴影。

每次放假或开学买火车票，我都会习惯性地选价格最便宜的车次。忘不了每次在火车上站立十多个小时的拥挤和煎熬，有时候人太多，站的地方只够容纳我的双脚，身体很难转动。我的体质不好，不能站立太久，所以站着站着就全身出冷汗。

每次逛淘宝我都会自动忽略价格过百的衣服，下单时更是纠结，因为贵的买不起，便宜的没好货，但还希望筛选到便宜而质量稍好的，所以我挺讨厌逛淘宝的。

买水果只挑最便宜的，买衣服都是等期末去买学姐们的二手货，一双鞋可以穿六七年。现在就算手里有了点钱，我也不敢用。吃饭怕自己吃不饱，会使劲儿地撑，一定要撑到自己产生胃胀痛那种变态的饱腹感才肯停止。

有时候真的觉得自己很悲哀，人活成我这个样子，还有什么意思呢？

老师，我知道您很忙，也不知道你能不能看到我的故事。我现在真的很迷茫，要是能看到这封邮件，请指点一下我可以吗？

——"贫困与迷茫交加的胖子"

我的回复：

首先，你要找到真正的自信。

你说你到了县重点高中，因为成绩被抹平，"成绩不再是值得炫耀的事情"，而一下子失去了自信，不仅变得暴饮暴食，而且成绩也开始下滑。

建立自信的基础，为什么一定要是成绩？

这也是我觉得传统教育悲哀的地方。

太多的学生写信跟我说，初中成绩很好，老师夸奖，同学羡慕，我很自信。但到了重点高中，所有人的成绩都很好，甚至有许多人比我更好，没有人再以我为焦点，我就失去了自信。

无数大学生也跟我说，高中我一直很自信，因为成绩好。但到了大学，大家的分数基本是一样的，我开始失去了骄傲的资本。于是我按照高中的套路，继续"死读书"、拼成绩。最后我把成绩拼到前几名，但依然没给我带来骄傲感，因为更多的人羡慕那些当上干部的人、那些有才艺能在各种节目和晚会出彩的人、那些大学里就带着团队创业的明星、那些有思想有阅历的人，甚至是那些不用好好学习父母就把工作给安排好了的人。

为什么我觉得很悲哀？因为太多的学生把自信建立在单一的学习成绩上。

其次，真正好的教育，应该是帮学生寻找自己、认识自己，帮助学生认识到自己的独特优点，从而建立起真正的、长久的自信。

有学生问我："我没有优点怎么办？我专业不好、英语不好、普通话不好……"

这就是教育缺失的地方，学生竟然不知道从哪些角度认识自己。

我说，除了专业、英语等这些硬实力方面的东西，你能不能看到软实力方面的东西？比如你的思维活跃，很有创造性；你的条理性很强，各种事情都安排得井井有条；你的人缘不错，人际沟通能力很强；你的感染力不错，在一个小群体中总能影响其他人……

然后他很惊讶地说，这些，也算能力吗？凭这些能力也能找到工作吗？

我跟他说，这些也是超级重要的能力。

我这个人优点也许有很多，但其中一个就是思维活跃、擅长策划，所以我做成了老板。

"软实力教育"2013年有一个学生，我看她条理性挺强的，就把她留下来工作，现在成了我们公司的行政经理，大事小事不用我操心，我非常满意，工资给她加了两倍。

几年前在一个讲座现场，一个学生主动找我对话交流，我发现她不仅有思想，人际沟通能力也挺强的，于是我邀请她过来做市场，目前成了我们的市场部主管，是公司的重点培养对象之一。

还有一个学生，说话感染力很强，总是能给别人信任感，目前才大二，在学校带着一个小团队折腾，我已经跟他预定好了，一毕业就来"软实力"工作。

两年前，有一个其他公司的职员，也是我的读者，一来二去地了解之后，我发现他原则性特别强，就挖他过来做了我们公司的审计，我特别信任他。

在我们公司，还有很多很多这样的案例，我都会发现他们身上的优点（大部分是软实力方面的），然后给了他们一个发挥才能的舞台或天空。当然，社会上其他单位也是如此，非常看重我刚才说的、你之前认为不是能力的能力。

如果问我们软实力教育的意义在哪里，我会说很多。其中重要的一点，是我们会帮助学生认识自己，然后因材施教。

我们从来不会用单一的学习成绩来衡量一切人，或者让成绩成为所有人自信的基础。

所以，通过上面的分析，我相信你已经解决了一定的迷茫。

接下来，我还要告诉你：我觉得一个稍微有点商业思维等软实力的大学生，在不影响学业的情况下，每个月赚个几百块钱也不是什么神话。如果你真的不知道具体该做些什么，你可以加入我们的全国读者群（见本书封面勒口），看看他们在讨论什么，说不定可以受到启发。

但是，我从来不建议在校大学生做太多兼职。因为大部分兼职技术含量有限，锻炼作用也有限。你交往的对象，就基本决定了你的知识层次和收获大小。我主张在保证温饱的情况下，把主要精力放在专业学习上，或某一软实力精研上，这样，你未来会更有竞争力。总之，不要贪图小钱而不断做低层次的兼职，不然只能说明你的格局很小。

最后，跟你说一些思想疏导方面的感悟，我认为也同样重要。

逆境可以毁灭一个人，也可以造就一个人。

我也曾经内向过。很多人因为内向变得自卑，甚至出现心理问题，而我因此练出了一种超级强悍的观察能力。

我也曾经迷茫过。很多人因为迷茫浪费了大学时光，甚至浪费了人生，而我提炼出一种人生规划方法，不仅自己受益，而且让很多人得到了帮助。

我也曾经贫困过。很多人因为贫困，从身体到心理都受到了戕害，但我因此练出了强悍的商业思维。我说我走到哪里都能发现商机，你肯定不信。

尼采说，杀不死我的，必使我更强大。

你也是可以的。

4. 是癌症，还是贫困夺走了我父亲？

您好，我知道您是老师，也是老板，忙是肯定的，不想轻易打扰您。但是，最近发生在我身上的事情让我一直苦苦挣扎，简直生不如死。所以，还是希望得到您哪怕只言片语的点评。

我是一所重点大学英语专业的大三学生。大二的时候，一个偶然的机会，看到老师您写的书，顿时颠覆了很多以往愚昧的认知。读完您的书后，我心灵触动很大，晚上躺在床上睡不着，静静地想了很多。但是一想到自己的遭遇，不争气的泪水还是如决堤而下。

我家境贫困，父母今年都64岁了，妈妈身体还算可以，但不幸的是，肢体残疾的爸爸在去年的9月17日，也就是我大二开学时，被诊断出肺癌，而且是晚期！

这对于我来说，不亚于晴天霹雳。

因为家中没钱，爸爸只能靠吃止痛药维持，不能接受正规手术。国庆节，我回家见到消瘦的爸爸，很想大哭一场，但眼泪到了眼角，怕爸爸看到，硬是把滚烫的泪水憋了回去。那种感觉，真的不好受。

我知道，您在书中对学英语谈了很多，观点也很现实。英语也是我的专业，是被调剂过去的，于我原本是弱势学科。

入学一个月后，我看到了自己与同学的巨大差距。在语法方面还可以，但听力极差，口语极差，阅读也不好。我是我们高中作为黑马考入中南的，可是到了大学，竟感到自己真的不算什么，甚至什么都不是。

虽然不喜欢英语，但我还是强迫自己努力去赶超。大一第二学期，我开始把牛津字典上所有学过的词的音标学了一遍，用了105天，感觉有点进步。大二一年，过得更加辛苦。一方面，我要准备英语专业四级考试、口语考试；另一方面，爸爸的事总是在我脑袋里打转，一直担心哪天爸爸会突然离去。我本来就专业基础差，学得特别吃力，所以在压力之下，整个人都特别消沉。

每次跟爸爸通电话，都能感觉到爸爸的声音一次比一次虚弱。当爸爸哄我说他病情好转，要我好好念书，别念着他时，我的泪水早已洒满了阳台。

从大二下学期开始，我开始做家教，或找其他兼职，挣些生活费。我真的不能再花家里的钱了。

大二结束，爸爸病情一天比一天严重，可是我的英语水平却起色不大。我不知道，我努力了这么久，为什么看不到明显的进步？我曾多次怀疑自己是不是真的没有英语细胞？

我看过不少名人传记，知道要比别人更努力，必须竭尽全力地去学英语；也想多参加社会实践锻炼自己，我怕其他能力也跟不上。

爸爸的事情、家庭贫困，以及学习成绩，压得我没有一点呐喊的能力。一想到这些，我就感到压力如山，有时都会产生恶心呕吐的感觉。我想努力搞好学习，凌晨1点睡，早上6点起，但上课时我很累，没有精神。

刘老师，为了追求梦想，人的睡眠是不是可以不用那么多？读过《哈佛凌晨4点半》那篇文章，我也尝试过，总觉得不太真实。

最不想见到的一天还是来了：今年3月12日，爸爸走了。那天，我哭得声嘶力竭，心中的高山塌了，我的世界瞬间变了颜色。

我知道，未来的路只能靠自己了。

但我拼尽全力，却看不到未来。

——"光是活着就拼尽了全力的人"

我的回复：

很多年前，跟你一样，我相信只要努力，就一定会成功。

但是后来发现，是真的有天赋这一说的。

我高中花了一半的时间学数学，但成绩怎么也比不过那些每天只花一个小时的人。

后来，出于对舞蹈的兴趣，我还报了个舞蹈班，但我怎么练都比别人慢半拍，而且总是跟不上节奏。准确地说，同班的人都学会了一支舞，而我还没学会几个动作。

后来我创办了"软实力教育"，这么多年来，见过很多员工。我发现，不论你怎么培养，有些人天生不会写作；不论你怎么培养，有些人天生不会策划；不论你怎么强调，有些人天生没有条理性。

你不用告诉我，"只要努力培养，就一定能"。

我试过，没用。

后来我悟出了管理学上一条简单而重要的原则："选择比努力重要，选人比育人重要。"

说了这么多，我是想告诉你：比努力更重要的，是选择，而且这个世界是真有天赋这一说的。

学语言、学艺术都一样，需要一定的天赋和敏感度。

我在书里写过，大学应该分为两个阶段：大一大二，应该侧重探索兴趣，广泛接触；大三大四可以稍微聚焦，该干吗干吗。

大学最痛苦的事情是，一上来就逮住一个专业硬啃，啃了半天发现不适合自己。

有人说，我不知道对哪个东西感兴趣。

是的，你都没见过几个，怎么找得到自己的兴趣所在？大部分人，估计终其一生，也就接触了自己被调剂的那个学科。

如果你的选项里只有ABCD，你的兴趣和天赋却藏在EFGH里，你又如何找得到正确的答案？

最后，给你的建议：努力，不一定要三更眠、五更起，但贵有恒。我从大学到现在，很少三更眠、五更起，但我几乎每天都在努力，所以最终也做出了一点成绩。

5. 我不想混吃等死，但我能做什么？

> 我是一名95后，大三的学生。读了您的书，感触很深。
>
> 我很穷，来自离异家庭，妈妈一个人供我和弟弟上学。尽管我一有时间就去做兼职，想减轻妈妈的负担，但家里的经济情况还是入不敷出。

为了供我和弟弟上学，妈妈在县里每天干着三份工作，从早忙到晚，我很心疼。

我知道自己是家里的未来，必须改变家里的贫穷现状，可是我现在却很迷茫。

所有的成功励志书都告诉我，成功首先需要找到自己的兴趣爱好。然而我找了三年，做过促销员，摆过地摊，卖过白薯，倒腾过桶装水，当过服务员，参加过儿童剧团，现在在学校的学报编辑部做助理。可是我仍然不知道自己的爱好是什么。

从小到大，我从来没有痴迷过什么东西，甚至打游戏都不感兴趣。我学的是机械专业，不讨厌也谈不上有兴趣。听我们专业毕业后参加工作的学长们说，每月仅有两三千块的工资，并且前途渺茫，我就很焦虑。他们说机械行业就是熬资历，越老越值钱。可是我哪有时间去熬？

我不想熬，我也不想在一个地方混吃等死，我想快速地挣钱，我想妈妈不用一天干三份工作。我现在该怎么做？

——"星宇辰"

我的回复：

首先，我必须直截了当地告诉你，虽然你找了"三年"的兴趣爱好，但你的兼职太没技术含量了。换句话说，你一直在低层次的工作里打转转，所以要想学到很多东西、赚到很多钱、找到真正的兴趣，可能性并不大。而你，也从来没有对所从事的工作进行归类总结，发现问题所在。

其次，我觉得对于任何一个普通人来说，快速赚钱的可能性都很小。

你估计是看多了成功学的书，才对"快速"两个字如此感兴趣。有些人之所以变得急功近利、走火入魔，就是因为一心想着赚钱快、快赚钱、赚快钱。

我个人不喜欢看成功学的书，也不相信能快速赚钱，因为我知道，一个人要赚钱，取决于很多因素，比如社会经验的积累、商业思维的培养、行业发展的洞察、情商的提高、管理能力的提升、技术的研究，等等，没有一样是能够快速"练成"的。既然赚钱的因素没法快速积累，所以快速赚钱的可能性并不大。

看到这里，估计你会感到绝望。

我还是要明确地告诉你，我可以告诉你如何摆脱低端的兴趣尝试，但依然没法告诉你如何可以快速赚钱。但凡告诉你能够快速赚钱的，要么是他没有告诉你他真正的积累和先决条件，要么是忽悠你成为他的"韭菜"。成功学的典型特点就是：激励受众，任何一个普通人都可以成为马云。

如何摆脱低端的兴趣尝试？我讲一个真实的故事：现任搜狗公司 CEO 王小川，大三的时候就进入了一家当时位于前沿的互联网公司 ChinaRen 兼职做技术。后来一直在这家公司（后来并入搜狐）担任技术经理、技术总监、副总裁。希望你从中能获得启示。

他跟你有什么不一样的？他是进入了一家有前途的公司，这里有"海龟"老板、行业老将、拥有高级技术的同事以及完善的培训和学习机制，所以，员工可以快速成长，并随着公司发展而持续成长。而你呢？单打独斗、低水平重复，还自以为是在奋斗，嚷嚷着要快速赚钱。

我个人是非常讲究沉淀能力的，我特别反感那些连走路都不会就要求飞翔的人。一个人各种软硬实力都不够，即使再蹦跶、再折腾，也不过像一只麻雀，成不了大气候。

该怎么做，我已经说得很清楚了，接下来靠你自己的悟性了。

也许你会说，我家里很穷，等不起怎么办？我告诉你，只要你放弃快速发财梦，在社会上脚踏实地地工作，缓解改善家庭贫困状况，也不是一件很难的事情，那些年薪十万（这在大城市不算是一个很大的数字）的人都可以做到。如果你非要执着于成功学，那就要小心走火入魔了。

八、来信问答：怎么提高学习能力

> 当同学每天为找工作而东奔西走的时候，我却每天宅在宿舍照镜子，观察我的眼睛。学习能力就是自我觅食能力。习惯了在盘子中进食的动物，突然被放到野外，没有了盘子就被饿死了。往者不可谏，来者犹可追。研究生毕业，也只是学习的开始。

1. 眼皮下垂的研究生

我是一名刚毕业的研究生，即将踏入社会，目前还在找工作。我现在处在人生的十字路口，真的很迷茫，不知道未来的路该怎么走。

我在研一的时候，曾买过您的一本书。记得当时看了很受震动，学到了很多在学校根本学不到的东西。

这两天我在整理书籍的时候，又看到了您的这本书。您在书里写了很多关于目前大学生的颓废、迷茫、见识短浅、性格内向等状态。再次浏览之后，我觉得自己现在就是其中一些同学的缩影。

当然，重新看您的书，依然很受鼓舞。因为我目前真的很颓废，所以下决心给您写这封邮件。

一直以来，别人对我的评价都是一个简单快乐的人。但是，我现在觉得自己是满满的负能量，就连我宿舍的同学都说："你现在总是心事重重，和以前不太一样了。"

为什么会出现这种变化呢？

我长得虽然不算漂亮，但也还算清秀，所以，我以前从来不会因为自己的外表而自卑。

可是，大概从去年11月份开始，我发现自己左眼皮有点下垂。本来我右眼就比左眼大一点，现在每天早上起来的时候，就会发现两只眼睛大小差别很明显，右眼看着比左眼大很多。

所以，从那时候开始，我就变得特别关注自己眼睛，有事没事就会照一下镜子，观察自己的眼睛。而且，也是从那时候开始，我变得很没自信，和别人交流也不敢正视别人的眼睛，总担心别人会发现自己两只眼睛大小不一样。

本来作为一名研三学生，找工作应该是最重要的事。但当身边的同学每天东奔西走找工作的时候，我却每天宅在宿舍照镜子，观察自己的眼睛。

我现在变得不喜欢跟别人交流，也不愿与以前的同学联系，更没有积极性去找工作。这一个学期我都宅在宿舍，也没上网，大部分时间都在担心自己的眼睛。因为，我总觉得两只眼睛看着相差那么大，都不知道该怎么出去见人。

我家里条件并不太好，读了这么多年的书，爸妈还是寄予很大期望的。虽然爸妈不给我压力，他们也知道现在找工作不容易，每次还安慰我，让我不要太着急，但我每次跟他们打完电话，都会更愧疚。因为我根本没有认真找工作，而是一直担心眼睛的事情。

爱美是每个女生的天性。我并不要求自己长得多漂亮，但是现在因为两只眼睛的差别，我不想和别人交流，干什么事都提不起精神。我担心别人看到我的眼睛后，自己会成为别人议论的对象，但是我又不想去整容。

马上就要离开学校了，我现在真的不知道该怎么办。

我的回复：

既然你写信给我了，我就得认真地指出你的错误。

首先，我很想批评你。

眼皮下垂这么一点小事情，都可以让你一学期不见人，快毕业了也不急着去找工作。可见，你的心理素质有多差。而心理素质，本身也是一种软实力。

这件事不仅反映了你心理素质差，也说明你情绪调整能力差。虽然爱美是女生的天性，但只是眼皮下垂，而不是毁了容，你居然一学期都调整不来状态。单凭这一点，如果是我，就不会聘用你。

此外，我觉得你整个研究生有点白读了。就算没白读，你也缺乏研究生应有的格局、见识、思辨能力等。

眼睛大小不一致这么一件小事，就足以摧毁你的自信，让你不愿见人、不找工作，以后还能干啥？社会上太多事情比这个更值得思考和担忧，你又将如何面对？

更重要的是，作为一个研究生，应该有能力搜索信息，寻找解决问题的办法。

现在医学这么发达，连体婴儿都可以分开，心脏都可以更换，鼻子都可以隆起，下巴都可以垫高，你的眼皮下垂这点小事，最多几千块钱就解决掉了，但竟然让你担忧一个学期，还放弃找工作，不能不说，你比较幼稚。

你说不喜欢整容，恰恰反映了你学习能力有限。据我所知，整容也分为很多种，隆鼻子、垫下巴、磨颧骨、丰胸、美白、植发、打玻尿酸，等等。

我个人也很反感没事就把自己整得跟狐狸精一样，爹妈都认不出来。但我认为，做个双眼皮，或修复一个创伤的皮肤组织，还是一件可以接受的事情。

你学习能力有限，在于你宁愿对着镜子发呆也不愿意去查找资料，正确了解整容以及整容的类目，甚至亲自到医院咨询一下专家的意见。

我也读过研究生，知道研究生与本科生的区别之一是应该有独立调查、研究、整理资料的能力，以及独立进行学术研究和探索新知识的能力。

在你身上，我上面讲的这些软实力（心理素质、情绪调整能力、思辨力、学习能力等），我一个也看不到。

我不知道你在大学里除了所谓的专业还学到了什么。

往者不可谏，来者犹可追。研究生毕业，也只是学习的开始。希望你能够走向自己想要的人生。

2. 一个不知道"多少字才算一篇文章"的未来作家

我每天都会收到很多问题邮件，有大学生迷茫的，也有职场困惑的。在工作允许的情况下，我都尽可能地抽空回复，但毕竟我不是专职的答疑机器。

有些问题，确实问得很没水平。

比如："你当年是怎么创业的，能给我描述一下吗？"

——这样的问题让我的内心很抗拒：你当我是什么人啊？我有必要专门给你汇报一下创业过程吗？

比如："老师，我该考研吗？"

——我无语了：我又不是算命半仙，怎么知道你该不该考研？问这样的问题，就显得情商很低。所谓情商，最起码的一点，就是你要知道对方需要什么。如果你要咨询考研的事情，起码得向我提供一些基本信息，比如你的专业、你的兴趣、你的性格、你的未来打算，等等。你一点信息都不给我，就让我来判断你是否该考研，你让我怎么回答你？

比如，下面一封来信，也让我很无奈，内容如下：

  我很想成为作家，是因为我想把好思想传递给需要的人。我一直很有文学天分，文采很好，不想在漫长的岁月中白白浪费掉。我今年大四毕业，不想碌碌无为一生，我觉得我可以，我有这个能力和天赋，我一定要成为一名作家。

  可是我不知道该如何开始，是以电子版为主开始写，还是以纸质手稿开始写？写完之后发到哪里？是发到网络上还是发到出版社？等等一系列的问题。我真的、真的不知道从何下手，如何做起。只要给我个方向，不论有多辛苦，需要付出什么，我都愿意。我喜欢文字、喜欢读书，成为作家是我职业规划最重要的梦想之一。

虽然来信文字啰里八唆，语无伦次，尽管我内心怀疑一个"不知道用电子文档写文章，还是用稿纸写文章，不知道把稿子发到哪里去"的人，能多有天赋，或能读过多少书和文章，但还是耐心地回复了他：

  （1）电子版和手写稿都可以。但为了别人收取和阅读方便，用 word 文档发给别人更好。

  （2）你说你喜欢读书，我觉得如果真的读了很多书，你应该在每本书的版权页上找到出版社的联系方式；如果你真的读了很多文章，你应该知道每篇文章的来源或刊发的地方。对，就是按照这些信息或线索去联系，把稿子发出去。

  （3）我相信你有文字天赋。但我觉得，在这样一个自媒体时代，有文字天赋的人是很难被埋没的。即便没有出版社或媒体接受你的文章，你也可以发表在自媒体上。你若盛开，清风自来。

我回复完之后，深深地吸了一口气，转身忙我自己的工作去了。结果，第二天我在邮箱里又看到了他的邮件：

感谢你的回复，我很开心。

但我还有很多问题，希望你不吝赐教。

你说的自媒体，是指什么？是指微博吗？你的意思是不用手写稿？

多少字才能算一篇文章？

在这个社会形势下，我是写财经评论类的文章呢，还是写小说类的文章，或者，就写生活随笔？

我怎么靠写文章赚钱？我还有父母家庭要养啊。

期待你的回复。

看到这些问题，我倒吸了一口凉气。

出于对他接下来怎么反应的好奇，以及想着自己说不定真能开发一个写作天才，我继续回复他：

（1）自媒体有很多。就写作来说，如果你有文章，可以注册一个微信公众号、微博号、今日头条号、百家号、知乎号，等等，然后发在上面，再想办法让人来看。

（2）至于"多少字才算一篇文章"，没有一定之规。你有话就多写，没话就少写。这不是考试作文，没人给你规定字数。

（3）写什么类型的文章，取决于你的知识积累、专业取向及擅长的风格。

（4）"写作靠什么赚钱"这个问题，有很多方式。比如把文章结集出书，如果销量能达到上百万册的话，版税也是很可观的。在自媒体上发表的文章，如果阅读量大的话，可以接一些软文广告。对了，你千万别再来问我什么叫阅读量大，或什么叫软文广告。

回复完之后，我洗了把冷水脸，继续工作。

没想到，第三天又看到了他的邮件：

谢谢你百忙之中回答我的问题，思路瞬间明朗了很多。

还有几个问题，希望你能指点一下。

针对写作，能不能给我提些建议，有你指点，势必可以少走些弯路。

如果可以，能不能推荐一些您觉得不错的书？这方面，我有些迷糊。

关于版税，是怎么算的？

我承认我有点没耐心了，看完邮件，我开始胸闷，差点一口气没提上来。

我也没有再回复他，怕自己会忍不住骂人。

他的这些问题，都表示他严重缺失学习能力。

一个缺乏学习能力的人，谈何变得优秀？

你不知道"自媒体"，就应该在百度上去搜"什么是自媒体"。网络这么发达，很容易找到答案信息。你问来问去，还不够耽误时间的，反映了你没有养成搜索信息、解决问题的习惯。

你不知道写作该怎么赚钱养家，也应该去百度一下。更何况，一个号称爱读书的人，应该知道很多作家是怎么生活的。号称自己是这个圈子的，但圈内的事情一点都不了解，还算是圈内人吗？

你不知道"多少字才算一篇文章"，总应该会看看别人的文章都是多少字吧？

你不知道版税怎么计算，应该去搜一下相关的知识，遍地都是。

你让我给你一些写作建议。这么大而泛的问题，要我怎么给你？

你一直说你有作家的天赋，相信自己一定能够成功，请问你的自信来自哪里？一个大四毕业的人，还没有成型的文字作品，还不知道要读哪些书，还不知道一篇文章该有多少字，还不知道几个出版社和几个媒体刊物，还没听说过几个自媒体，还没有经过网络粉丝的阅读量证明过的文章风格，你怎么确信你有作家的天赋？

当然，我并不想批判他，批判他也没有意义，我只是觉得很悲哀。

太多的人缺乏学习能力。学习能力，我把它称为"自我觅食"的能力，应该说是人生最重要的能力之一。

但大部分学生习惯的教育方式是灌输、是背书。把所有的知识集中在教材上，学生们只要捧着这本教材，就可以应付考试了。

这让我想起了有些动物习惯了在盘子中进食，突然有一天被放到野外，没人给它们提供盘子了，他们就不知道去哪里找吃的，只好等着饿死。

我们的教材，在某种意义上，就是那些动物的"盘中餐"。

一旦离开学校，进入社会，不论是生活问题还是工作问题，都不可能有教材提供标准答案，也很难找到现成的答案。所有的问题，都有自己的特点，都要靠自己去找解法。

而偏偏有这么一类人，从小到大被喂食惯了：划重点、背教材、对标准答案，老师还在课堂上把知识点嚼巴碎了、揉巴烂了给他们讲解。他们不仅不需要拼命奔跑着猎杀动物，甚至都不用提刀肢解和烹饪，有人直接把食物加工好了放到他们的盘子里，甚至会喂到他们的嘴里。当然，他们很舒服，也很享受，但最后可能变成一个毫无生存能力的废物。

在职场，很多公司一旦发现你学习能力低下，会立即放弃培养。不好意思，这就是社会。

学习能力，就是一种软实力。

很多人问，学习能力是什么？答疑答到底，帮人帮到家。我给大家做一个归纳：学习能力包括信息搜索能力、总结反省能力、信息接收能力、应用能力、悟性，等等。

如果你觉得还是太抽象，我再给你举几个例子。

在我们公司，会同时安排几个小组做同一个新项目。但几乎每次都会发现，总有些小组会很快被其他组甩开，在进度上完全不是一个级别。这里有很多原因，其中一个就是学习能力不够，对于同样的新东西，就是没有别人学得快。

有时候公司开完会，有人问我一些问题，而这些问题我在会上是讲清楚了的，其他与会者都能回答出来。而他没有捕捉到这个信息，且几乎每次都如此。这就是学习能力问题，获得信息的能力不如他人。

有些学生听过我的讲座，或者看过我的书，他会说，"我很有感触，但是，关于我的这个问题，该怎么解决呢？"我一看，这个问题就是我讲座上或书里已经讲清楚了的。但他看到的依然是"别人的故事"，没有能力或方法把"别人的故事"与自己联系起来，以解决自己的实际问题。这就是学习能力有限，准确地说是应用能力有限。这类人很难借鉴别人的经验，他们经常需要别人给他们"量身定做"解法。

我每天都会看很多文章，不论是资讯类的，还是人物类的，我总能学到很多东西，并且提炼成自己可用的借鉴或方法。我把这些文章丢给其他人看，然后我问他学到了什么。他说，故事我都背下来了，但没学到什么东西，这就是悟性有限。我给软实力教育公司员工的学习理念是："听别人的故事，悟自己的人生。"你不能"听了别人的故事，只是记住了别人的故事"。

我走在路上，睁眼就能看到商机。但大部分人走在路上什么也看不见。这也是学习能力有限，准确地说也是悟性有限。

就像我在本书写到的一个迷茫案例，这个学生高中选了自己不擅长的理科，结果大学依然选了自己不喜欢的专业，最要命的是，研究生还选了自己不喜欢的专业。这就是学习能力问题，准确来说是总结反省能力不足。一个人，犯一次错误就应该总结经验教训了，岂能一而再、再而三地去犯同样的错误！缺乏总结反省能力的人，哪怕他们的人际关系差得一塌糊涂，他们也找不到原因；有些人恋爱总是失败、被伤害，但每次都重复这样的结局，因为他们总结不出什么东西。

如果你还要问我学习能力是什么，那你学习能力可以打零分了。因为上面这么多例子已经说得很透彻了。学习能力差的人，这几个例子都不一定能学会。悟性强的人，不仅能学会这几个例子，而且能触类旁通、举一反三。

学习能力，是一种超级重要的软实力。

有学习能力的人，没读大学也能做成一番事业，这类人到处都有，而且并不都是天才。

缺乏学习能力的人，即便靠死记硬背读到研究生毕业，也是迂腐不堪、食古不化。这类人也有很多。

九、来信问答：创业面面观

> 大学生创业失败的案例多如牛毛，只不过你不知道而已。大学生怎样避免盲目创业？创业是条不归路，创业的风险不仅仅是失败的风险。创业需要商业思维和深度思维，更需要软实力、强悍的意志和强大的内心。木桶理论已死，长板理论为王。

1. 被创业耽误的大四学生

大学迷茫的话题里，创业是其中一个。现在的情况是，有些学生对创业一知半解，心态又比较浮躁，各种问题层出不穷。比如下面这封邮件：

我是一名三本的大四在校生，学的是电气工程及自动化。

以前总想着干点什么，自己创业。可是，从大一到现在，折腾了三年，不仅一事无成，学业也荒废了。

如今，面临毕业，我不知道自己该干什么了。

我想靠自己的专业找份工作，但对专业知识十分生疏。

我想考研，继续深造，但无奈我们学校没这个专业的研究生，而且，根据你书里的观点，我这种性格似乎不太适合考研。

我现在有点病急乱投医了，我该怎么办？

我的回复：

我在想，如果当初你选择学好一项技能作为自己的发展方式，是不是更好？或者，毕业之后再创业，是不是就不会"三年没有学到任何东西"？至少，创业是不是该在认识自己的情况下进行，不至于到后面盲目地打算考研？

我的观点是：鼓励创业，但不鼓励大学生盲目创业。

话说在前面，真正有能力的人，随时都可以创业。比尔·盖茨、乔布斯、戴尔、扎克伯格，都是在大学就展现了惊人的商业天赋，你所知道的大学生成功创业案例也就这么几位，绝大部分人都没有能力在大学期间进行什么有效的创业。大学生创业失败的案例多如牛毛，只不过无人宣传，你不知道而已。

人生的吊诡之处就在于，每个人都以为自己是特别的那一个——这就是自我认知不清的悲哀。

2. 创业及大学期间创业的一些问题与后果

以下是跟"大部分人"这一类人讲的。

（1）创业失败率高

创业失败是必然的，成功是偶然的。这是大家都知道的话。据有关数据统计，大学生创业成功率不到5%。

就算是巨无霸企业，他们要再创业（拓展），都显得比较艰难。比如，腾讯做电商拍拍网，阿里巴巴之前一直努力在做的支付宝社交，恒大想做的冰泉，百度想做的外卖，顺丰想做的优选，人民网开发的即刻搜索，等等。

直接百度搜索"创业失败"四个字，你就能看到各行各业每年死掉的公司有多少家。

据统计，国内每天新注册几万家公司，同时，每天也有几万家公司申请注销。

而有些普通大学生连就业都很困难。你让他们去创业，这是不现实的。

很多投资大佬直接表示"我不投资大学生创业的项目"，可见他们是多么不看好大学生创业。

我的一个朋友，原来是一家企业的高管，2015年雄心勃勃地说，要做中部地区最大的本地生活电商网站，信心满满地卖掉住房，凑了一千万资金，开始创业。上半年我看到他经常接受采访，在市里四处搞地推；下半年没看到他的动态，去他公司一看，原来两层楼的办公室已经出让了一层出去，因为员工裁掉了一半，不需要那么大场地了。第二年再去一看，已经关张了，一千万打了水漂。

当然，也有一些理智的大学生会说："我认为如果一毕业就创业，会拉低自己的社交层次，失去很多宝贵的经验。"

（2）直接创业，可能失去平台机会

去年有个学生给我发邮件，他在学校开了几个抓娃娃机的店，生意还不错，每个月收入几万。他的困惑是，担心这个生意做不大，担心风口过了会失败，更担心大四的他，如果不去找工作，会不会失去积累工作经验的黄金时间。

直接创业，可能会失去成熟平台给予的锻炼机会。这些机会包括行业深度洞察机会、眼界见识拓展机会、高端人脉拓展机会，等等。

你可能会说，我在学校摆地摊创业，也一样能锻炼能力和积累经验。没错，但与成熟平台得到的机会相比，完全不是一个层次。比如，你摆摊的见识，和华为公司派你到欧洲做驻欧大客户代表所得到的见识是完全不一样的；你在学校开小餐馆得到的人脉，与你在阿里巴巴工作认识的那些产品经理、系统架构师等人脉相比，也是完全不一样的；你在学校做两年驾校代理，与你在滴滴公司做两年城市经理所得到的管理经验和行业认知，也可能不是一个层次。

(3) 耽误专业技能学习

一般来说，创业需要的能力，更多的是偏向于软实力，比如创意、管理能力、资源整合能力、销售能力，等等。而且，创业会进一步强化这些软实力。而在大学期间创业，只会耽误专业技能的学习时间。搞抓娃娃机店的学生所担心的就是这样一个问题。

总之，一个优秀的创业者，能力更多体现在战略思维、资源整合能力（团队人才组成、融资等），而在某些专业技能方面，比如像技术部写代码、项目部做产品、营销部做策划、媒体部写文章，等等，因为缺乏相关的长期学习和训练，就未必非常专业。所以，一旦失败，往往陷入"找工作，却没有专业技能"的境地。

(4) 创业是条不归路

一般来说，创过业的人，他的就业心态是比较糟糕的。

创业的人，一般喜欢统领全局。而一旦去找工作，基本上只能是具体负责公司运行的某一环节或某一方面的岗位。而这个具体工作，可能更侧重专业技能和执行。这跟创业者原来所喜欢、擅长和关注的领域不是一回事。

更重要的是，一个创业者的心态是很难适应回头按部就班上班的。创业是条不归路，这一点，已经有无数案例证明过，没经历过的人是不会懂的。这种心态的养成，才是对一个人职业生涯的彻底毁灭。

其他因素，比如上了年纪，返回职场，是否有竞争力，亦未可定。

所以，创业的风险，不仅仅是失败的风险，也有重返职场时无法融入的风险。

3. 创业的几个重要条件

(1) 行业经验

要创业，你必须对一个行业非常有研究。这一点，我几乎把它列为决定创业成败的第一因素。

但凡创业成功的人，都是对一个行业有着极其深刻的理解的人。所谓"外行看热闹，内行看门道"，以及创业界"不熟不做"的定律，都是对行业经验的直接解释。

所以，现实情况是很多人觉得某个行业的人都是"傻子"，觉得他们都做不好，都很无能，觉得自己很牛叉，然后兴冲冲地杀进去，最后发现，自己才是那个最大的"傻子"。

很多人看到，当年内蒙古乳业龙头伊利雄踞一方，后起之秀蒙牛迅速崛起，并成为内蒙古第二大乳制品企业，然后就以为创业很容易。但他们不知道，蒙牛的创始人就是伊利原来的总经理牛根生，他在乳业已经沉淀了几十年。这种对行业的认知，是一般人无法比拟的。

而有些所谓的创业者，其实是无知者无畏。几年前我收到一封邮件，一个大二学生跟我说，他要颠覆教育行业。我看到后面，他的经历是，大二一年休学，正在爸爸的工地上搬砖。

这种昨天还在搬砖，今天就要颠覆一个行业的人，我很难相信他有正确的认知。

还有一个人也给我写信说，软实力对小学生很重要，他要开一家软实力小学生餐厅。

我承认软实力对小学生也很重要，但我研究软实力这么多年，一直没看明白软实力为什么和"小学生""餐厅"这两个词能搅在一块。

后来，应该是没有后来了。因为几年过去了，依然没有看到一个泡泡。

总之，行业经验对一个创业者来说是至关重要的。如果说你不会编程，可以找个技术来写代码；你不会做产品，可以挖一堆产品经理和工程师来研发产品；你不会做视频，可以招一个后期制作；你不会招聘，可以找个 HR 来帮你招聘；你不会做广告，可以外包给一家广告公司，但如果你不懂一个行业，那你能创个什么业？

而获得行业经验最好的办法，不是摆地摊，不是捧着书本看，而是在一个行业里做到高层。

（2）创业需要商业思维和深度思维

如果你是那种"不知道商品定价为什么普遍以 9 结尾，也不知道 QQ 是怎么赚钱的，更不知道百度为什么要做外卖"的人，很难说你是有商业思维。我这里仅仅是举了几个日常的例子，但很多人就连这几个日常的例子也没有想明白。

如果你是那种买个鞋子都需要妈妈做决定、要不要考研都决定不下来、想任何问题都比别人幼稚、生活中动不动就受骗的人，也很难说你有深度思维。对于创业来说，幼稚的人基本就不用想了。

（3）与找工作相比，创业更需要软实力

创业所需的软实力，包括但不限于战略思维能力、商业思维能力、深度思维能力、快速学习能力、组织领导能力，以及管理、营销、情商、沟通表达能力，等等。

腾讯马化腾、百度李彦宏、今日头条张一鸣，都是搞计算机技术出身的，但事业能做大，更多的是取决于他们的战略思维、行业认知、公司管理、说服高级人才加入团队的沟通交流能力及融资能力等软实力。

金庸先生原来是个码字的作家，靠的是写作这种硬实力。后来他在香港创办了一家公司，成为老板，则靠的是软实力。

NBA 的球星，打球技术非常厉害，靠的是硬实力。但球队老板，需要组建团队、经营球星、包装推广，靠的是软实力。

汽车维修店，修车师傅强在维修技术，靠的是硬实力。而店老板靠的是软实力：汽修行业的认知、各种零配件的供应链管理、选址、装修、定价、运营、推广，等等。

这就是软实力人才与硬实力人才的大致区别。硬实力人才更多跟技术打交道，软实力人才更多与人打交道。

(4) 创业需要强悍的意志和强大的内心

创业需要比唐僧还要坚定的意志。这一点，很多文章都有论述，这里就不再多说了。

至于内心强大，就是你会正确对待和处理遭受的质疑、不理解、攻击，甚至失败。如果你是那种同学说你两句都要气一个月的人，如果你是那种上厕所、上自习都要拉个伙伴的人，如果你是那种别人说你一句什么就放弃的人，那么创业这条路，你想都不用想了。

创业还需要太多其他条件，比如健康的体魄、充沛的精力、较为高端的人脉圈，等等。

我以前的一个员工经常生病，一周要请两三次假去医院看病。这样的身体，你也不用想创业了。我创业十年来，几乎每年360天都在工作岗位上，看似没难度但你未必做得到。

至于较为高端的人脉圈，这个很现实，也很重要。现在几个"草莽"合起来创业成功的可能性已经很小了。几个草莽，总体就暗示着你们的行业经验有限、能力有限，甚至眼光都有限。我说的是"总体"，不用生气，也许你就是个例外。现在投资人选项目，也是要看创始人履历和创业团队的档次。如果你是名校、"海龟"出身，而且在行业顶级公司做到高层，加上团队有来自行业的顶尖人才，那么你是投资人青睐的豪华团队。如果你不信，去搜索一下，近几年来创业界成功的独角兽企业的团队构成。

4. 成长建议

独立创业是可以的，但是适合独立创业的人凤毛麟角。

有学生问我："那像我这种有点能力、创业又可能失败的人，是不是不用圆创业梦了？"

那也不是。但你这样问，说明你对创业的理解是有问题的。

创业，作为老大，作为主要创始人物，这种人是凤毛麟角、少之又少的。

但是创业，并不是说你一定要做老大，或一定要独立拥有一家公司。有时候你没有独立创业的能力和素质，还可以加入一家创业公司，这其实也是一种创业，而且成功概率更高。这是我总结出来的一种适合更多人的创业方式。

例如，马云只有一个，但阿里巴巴创业之初有"十八罗汉"。这 18 个人都是跟着马云一起创业的，也许他们单干不能创什么业，但跟着马云却创成了业，照样有创业成就感，照样实现了创业梦。

马化腾创业的时候，也是有传说中的"五虎将"：CEO 马化腾、CIO 许晨晔、CTO 张志东、COO 曾李青、CAO 陈一丹。后几位没有独立创业，但他们在技术、市场等领域的天才优势，在腾讯公司的创业过程中发挥得淋漓尽致。这也是一种创业，是一种成功概率更高、适合更多人的创业形式。

为什么说"跟随创业"是一种成功概率更高、适合更多人的创业形式呢？

因为独立创业所需的能力太高，素质要求太全面。而跟随创业，只需要你有一个能力优势就可以了，而且你在未来的工作中，也只要持续不断地加强一个优势。比如，你特别喜欢研究技术，那么你只要做一个技术控就行，说不定可以做到 CTO；如果你特别喜欢研究营销和市场，那也没问题，你有足够的时间研究这个领域，做一个有实力的 CMO。

而且，你也不用担心失业，因为你一直在打磨你的一技之长。

从职业规划的理论角度来讲，这叫"木桶理论已死，长板理论为王"。什么意思？职场和社会本质上是资源互换，你的优势越明显，就越吸引其他资源来跟你交换。比如，你平衡能力强，就做公司 CEO；你运营能力强，就做 COO；你技术能力强，就做 CTO。大家都是发挥自己的优势，进而组成一个完整的团队。所以，未来的趋势是，职场需要专才，而不是通才。未来的用人就是：你不专业，我就不要你。

所以，如果你很想实现创业梦，但又没有单挑大梁的能力，那么，先培养一技之长，再明智地选择加入一个有能力的团队，也是一种不错的创业方式。

所以，对于大部分人的发展路径：我不觉得大部分人适合独立创业，但我觉得可以先别想着创业，先积累一技之长。具体方法是，先找个工作，然后谋求做个主管，步步上升，做总监、做副总裁。你照样非常成功，而且，只要你在某一方面特别专业，很多公司都会来挖你。这是大多数人比较理想的发展路径。

十、写给普通家庭的孩子

> 谁见过百世富家翁？普通家庭也出了很多优秀的人物。为什么仅仅刻苦读书不足以改变一个人的命运，财富和特权护体也不能绝对保证一个人的成功？穷会成为穷的原因，富会成为富的原因吗？普通孩子更要努力：永远不要颓废！永远不要依赖！

一直想写一篇很实在的文章，送给那些普通家庭或迷茫或颓废的孩子，使他们认识自己、认清形势。

本文所说的普通家庭，是指没有强大的社会关系和背景，也没有很多社会资源的家庭。普通家庭的孩子，是不同于人们常说的富二代、官二代的普通孩子。虽然很多人因各种心理别扭不愿意承认自己是普通孩子，那也没关系。

普通家庭也出了很多优秀的人物，我们不必列举古代的刘邦或朱元璋，就拿现在听说过的、活着的名人到百度一搜，你就会发现许多人都来自普通家庭，他们凭借自己的能力进入了主流社会。即便如此，我们都知道还有更多的普通孩子没有熬出头。

如果说富二代、官二代有堕落的条件，那普通家庭的孩子拿什么跟他们一起堕落呢？他们堕落、挥霍掉的只是金钱，而普通孩子堕落、废掉的是整个人生。

一个人如果不能正确认识自己，不能正确定位别人，不明白未来的形势，那势必变成一个短视的庸人。

（一）普通孩子要认清的形势

1. 关于未来：普通孩子的社会资源越来越少

随着经济社会的高速发展，贫富差距逐渐拉大、特权阶层增多等问题日益严重。2010年9月16日《人民日报》发表长篇通讯《社会底层人群向上流动面临困难》，提出一个疑问：穷会成为穷的原因，富会成为富的原因吗？2004年中国社科院《当代中国社会流动》调查报告指出：干部子女成为干部的机会，是非干部子女的2.1倍多。

富人掌握着更多的社会资源，所以很多时候"美好生活拼的是爸爸"而不是努力。2009年下半年，某市劳动就业管理中心进行的一次事业编制人员招聘中，录用的四人中有三人是局领导的子女。《麦可思－中国2009届大学毕业生求职与工作能力调查》显示，以毕业后半年为限，毕业生中农民和农民工的子女有35%未能就业，而管理阶层的子女未就业的只有15%。

以前大家都认为"奋斗可以改变人生"，但现在这句话后面要加一个问号。顾骏教授说："从历史上看，中国改革开放为人们提供了很多机会。那时候，只要有胆识，下海当个体户的、搞承包的、考大学的、出国留学的，以及后来炒股票的、炒楼的、弄创业板的，这些人都改变了自己的命运。这些都不需要太多家庭关系，不需要资源，有胆子去做就行。但是现在的情况不一样了。一个人生存越来越需要资源，没有家庭背景和社会资源的人，改变自己的命运越来越难。"

他举例说，现在学生去一些金融单位应聘，都需要填写一份家庭关系表，能不能被录取，在填写表格的时候就已经注定了。"没有资源进行交换的学生，最终只有被淘汰的命运。"而所谓的"蚁族"（指的是那些聚居于城中村、收入不高、工作不稳定的高校毕业生聚居群体），并不是所有大学生的问题，而是没有资源的穷学生的问题。

当好的就业机会都被富二代、官二代瓜分完了以后，普通家庭的孩子干些什么呢？

2. 关于大学：普通孩子的上升通道堵塞

"读大学"一直是底层人士实现向上流动和改变自身命运的一种方式，所谓的"跳龙门"就是通过上大学实现农村人身份的转变。1977年我国恢复高考后，一大批贫寒子弟通过高考走上了另一条人生道路，当年许多人砸锅卖铁也要让孩子读书。

但现在随着普通孩子上升通道的堵塞及大学教育质量的下滑，"大学改变命运"的观念也在慢慢改变。教育部数据显示，2009年全国高考弃考人数达84万人，2010年高考弃考人数接近100万人。

普通孩子上升通道的堵塞，首先表现在"录取差距致农村大学生少"。潘维教授的一组数据显示，北大农村学生的比例在上世纪50年代是70%，如今大幅下降。熊丙奇先生也指出，农村孩子上大学的机会增多，而在重点大学中的比例却在下降，他们中很多人上的是二本、三本和高职高专。2011年8月4日《南方周末》发问：《穷孩子没春天——寒门子弟为何离一线高校越来越远？》

普通家庭的孩子凭借教育翻身的难度加大了，不仅表现在进入一线高校的通道变窄，而且表现在某些高校教育质量的下滑。俞敏洪先生对于失败的大学教育有着一针见血的批评："就教学质量而言，大学教学内容陈旧，与现实脱节。很多大学教师依然用五年前的东西来教今天的学生。这样，学生没出门就落伍了，因为教他的老师早就落伍了。"

因为某些大学教育质量的下滑，一方面大量大学生找不到工作，另一方面企业招不到合适的人才。于是，一大批企业开始自办大学，比如吉利大学、金蝶顾问学院、携程大学等，开始自己培养人才。我在做软实力教育的过程中，也发现人才缺乏的问题。在校园招聘时，虽然应聘大学生人数众多，但可以称为人才的却不多；大部分学生要么专业技能同质化严重，要么思想创新意识严重不足。国家也采取各种措施，努力提高教学质量，加强职业技术学校建设，局面正在迅速改观。

3. 关于教育：普通孩子输在了起跑线上

我曾收到一封这样的咨询邮件：

我在大学里有很多问题，想咨询你。我是农村的，家里很穷，为了帮我们兄妹赚学费，父母50多岁了还在广东工厂打工。我父母总跟我说，打工很辛苦，每天要加班工作12个小时，环境恶劣，一只口罩用到下班就变成黑的了，还有没什么素质的主管不断地刁难、找碴儿、克扣工资。我母亲身体有病，左腿总是红肿，可是为了每个月给我寄生活费，她硬是没有看过病。

我很穷，没有电脑，没有手机，没穿过上百元的衣服，每天的生活费控制在六元左右。我很内向，很自卑。不过这些都不重要，重要的是，我认为自己有能力做好班干部，但得票率太低，可能是太内向的原因。我成绩也不是第一名，我朋友很少，知识面也没有城市同学宽，只能看着别人津津乐道，我的自信就这么被一点点吞噬。

我还有很多其他问题，我想改变自己，我想拯救父母，可是我无能为力。我知道你解决大学生问题很在行，可是我怕付不起培训费，所以冒昧地先打扰你，希望得到哪怕只言片语的回复。

当我收到这封邮件的时候，心酸的感觉一下子涌了上来。虽然我不是体制内学校里的老师，但我的使命感还是涌了上来，要求自己尽力帮助这些人摆脱自卑、建立自信，摆脱贫困、练习思维。

我在想，如果她有钱，她父母就不用50多岁了还在外奔波劳累；如果她有钱，她母亲就可以把病治好；如果她有钱，她就不会内向、自卑——因为我发现，她没有电脑、没有手机、没有像样的衣服和鞋子，这些问题都是可以用钱解决的。我还发现，她的眼界和知识面很窄，性格内向、自卑，所以没法融入交际圈子，这也是可以用钱帮助解决的。

当然，因为我刚说了钱可以帮她解决很多的问题，很多道貌岸然的伪君子可能又要鄙夷起来，他们会问："钱可以买到一切吗？这不是在教学生不学好吗？"

我当然知道钱买不到一切。但我知道如果她有钱，她父母就可以生活得轻松一点；如果她有钱，她就可以参加各种才艺班，比如舞蹈、乐器，她也可以有所谓的特长，她也可以成为众人的焦点；如果她有钱，她还可以周游世界，从而开阔眼界，她还可以参加一些必要的学习培训，从而提高自己的沟通表达能力和眼界见识。

正因为她没钱，所以她输在了教育这条人生的起跑线上。仅仅靠她一个人的力量，无疑地需要花费更多的时间来改变性格，来开阔眼界，来重塑自信，来培养才华。

我说这些话，不是告诉大家钱有多么重要，也不是泛泛地说明这位同学是多么的贫困。我是想说，普通家庭的孩子要正确认识自己所面临的形势，要保持深刻的忧患意识，从而避免陷入空虚和颓废。

我在参加一个企业管理培训班时，身边坐着一位貌似高中生的学生。

我问他多大了，他说 18 岁；我问他怎么会有一万元来参加这几次课的培训，他说他爸爸是个局长，替他交的学费。当时我想，普通家庭的孩子是没有机会参加这种高端培训的，这就是"贫者愈贫，富者愈富"的原因了。

早年间，也有人请我做 VIP 家教，费用是我大学时做家教的上百倍，达到几百元每课时。当我把我孕育多年的知识和方法悉数教给孩子的时候，当他做题势如破竹、"见鸡杀鸡，见狗砍狗"的时候，当他频频点头、十分兴奋的时候，我知道他收获颇丰，让我很羡慕他。

这让我想起无数的贫寒学子，他们没钱参加高端企业管理培训，没钱聆听智者的声音，没钱学习别人的智慧，没钱吸取别人成功的方法和参考别人失败的经历，甚至，连一个文化补习课的培训班都上不起。每天只能趴在教室里忍受孤独和寂寞，只能用时间去换取经验和智慧，只能疲惫地驾着牛车绝望地追赶那帮坐着飞机先行的人。

我经常说，很多普通家庭的孩子在人生的起跑线上就输了。比如家庭出身、成长环境、阅历见识、关系人脉、心胸性格等，都不如另外一些人。而在之后的成长和发展"比赛"中，又因为"装备"不如别人而更加落后。这里的"装备"就是你接受教育的资源和条件。简单一点说，就是你没钱接受最好的教育。在托福、雅思等出国考试的培训班里，很少看到农村的学生。很多普通家庭的孩子大学学费都是靠父母养猪和卖谷子换来的，种一年谷子所得的收入还不够交一年的学费，怎么有更多的钱接受别的教育呢？

（二）普通孩子要懂得的道理

1. 永远不要颓废

与以前相比，现代大学生有太多颓废的理由。比如价值观混乱，很多人不知道在这个多元价值观的社会里应该成为什么样的人；比如高考之后目标的缺失，产生了整体性的迷茫；比如网络时代的诱惑，这是上一代人没有经历过的，很多人被网络游戏、听歌、看电影给废了；比如改革开放40年之后贫富差距的拉大，导致富裕者的奢华攀比以及贫困者的心理落差，等等，都可能导致大学生的颓废和堕落。

（1）避免颓废的第一点是正确定位别人

一个人，只有知道别人是什么样的人，才不会被他影响，认识别人的过程就是给别人定位。比如，当有人说话让我生气时，我就想，他只不过是一个学生，还在成长，犯不着跟他计较，这就是定位别人的过程。比如一个企业的管理者要来我公司参观访问，我也会看他在他们公司处在什么职位，然后让我公司对应级别的人出面接待，这也是定位别人的过程。就算家庭待客，你妈妈也会根据客人的重要性，决定是杀鸡还是杀猪，这都是定位别人的过程。

不要以为定位别人是一种功利的表现，每个人都处在持续地定位别人和被别人定位的过程中，每个人都处在评估别人和被别人评估的过程中。

说得再直白一点，你选择这个单位而不是那个单位，你聘用了这个人却看不上那个人，都是你对对方进行评估和定位的结果。既然评估或定位是无处不在的，那么我们唯一要做的事情，就是增加自己定位别人的能力。

别小看这种定位别人的能力，它能让你不受别人的不良影响。

当你看到一个人经常玩游戏时，如果你在想，"他家真有钱，可以不用担心未来，不用养活父母"，那么你就正确地定位了别人。但如果你对这种行为没有什么其他的想法，直接跟他一起玩，那就证明你定位别人的能力还不够。

一个能正确定位自己和定位他人的人，用企业管理的话来说就是："一个真正聪明的人，不仅知道自己要做什么，而且知道自己不要做什么。"

如果你真的学会了定位别人，你就会明白，无数大学生只不过是在混一张文凭而已，还自欺欺人地以为这张文凭会给自己带来一份不错的工作和"钱途"。如果你能这样定位这些颓废的人，你就不会去干与他们类似的事情。

一个经常被别人影响的人，就是一个不知道"别人之所以为别人"的人。当你想跟别人一起堕落时，你有没有想过，他们家有人帮忙安排就业，毕业后工作不成问题，可你呢？他们家可能有钱，几年不找工作都有饭吃，可你呢？她长得漂亮，找工作也不成问题，可你呢？就算他一无所有地堕落着，你也没有跟随他的理由：难道你也想跟他一起毕业、失业、中年下岗、晚年离婚吗？

（2）避免颓废的第二点是正确定位自己

从人生规划的角度来讲，如果一个人不知道自己是谁、要干什么、能干什么，将是一件很危险的事情。

不说那些大道理，就说一个普通家庭的孩子毕业之后将要面临的事情：在毕业那天，当那些富二代、官二代的爸爸开着车把他儿子接回家的时候，如果你没有找到工作，你把你的行李搬到哪里去呢？难道要把东西搬回老家吗？你试着想象一下这些场景，就会发现你和别人是多么的不一样。你会发现，一毕业他们就有工作和房子，而你却连放行李的地方都没有。那些富二代、官二代，老爸早就给他买好了房子、安排好了工作，而你呢？如果月薪三五千元，到50岁你都买不起房子。也就是说，你必须比你的某些同学多奋斗30年，才可能跟他们享有同样水平的生活。

而关键的问题是，随着社会资源越来越聚集到少数特权阶层的手里，普通家庭的孩子要改变命运就更难了。

所以说，一个人如果正确定位了自己，也正确定位了别人，就不会跟别人干同样的蠢事。简而言之，你要知道你和别人的区别。这种区别不仅体现为学习成绩、学校档次等，也体现为家庭背景、社会关系等。

（3）避免颓废的第三点是选择好自己的参照物

其实人是喜欢攀比的动物，比长相、比伴侣、比学校、比工作、比家庭，等等。选择的比较对象（参照物）过低，你就容易满足和堕落；选择的参照物过高，你也容易产生挫败感。

现在大学生的颓废问题，更多是参照物过低引起的，他们总是跟自己寝室的人看齐，跟班上的人比较，所以没什么出息。我一直没有堕落，是因为我在读书的时候就一直以世界最顶尖的企业家为榜样，比如李嘉诚、马云、贝佐斯、拉里·佩奇等，所以我每天都充满了动力。毛主席的参照物也很高，所以整个人的格局都不一样，通过他的诗词就可以看出来："惜秦皇汉武，略输文采；唐宗宋祖，稍逊风骚。一代天骄，成吉思汗，只识弯弓射大雕。"

2. 永远不要依赖

很多普通家庭的孩子依然抱着陈旧迂腐的观念，以为考上大学就进入天堂了，以为拿到毕业证书就拿到前途和事业的通行证了。其实，就算你还没有毕业，也应该清楚地预估到，那张文凭除了证明你在大学待了四年，什么都证明不了。不然，用人单位干脆就看文凭招人得了，干吗要搞什么面试，面试之后还要搞什么试用期呢？多麻烦啊！

马云就说，毕业证书只是一张收据，证明你交过四年学费，只有带给企业价值才是硬道理。

所以，对于一个普通家庭的孩子来说，你不能寄希望于大学，不能寄希望于老师，不能寄希望于文凭，更加不能寄希望于你的父母；你唯一能寄希望的人就是你自己，只有你能对自己的未来负责。

（三）普通孩子要改变自己的几个步骤

第一步：开阔眼界

普通孩子由于社会关系不广、交友圈子的质量不够、资金不足等原因，眼界相对狭隘。没有一个有成就的人跟你讲一些通用的社会道理，没有一个有见识的人告诉你如何选择专业和规划人生；因为你也不认识几个权威人物，所以有问题也无处咨询；因为资金不足而没法参加某些见识性活动或者培训等，都可能给你造成迷茫。

很多普通家庭的孩子并不缺乏努力的劲头和奋斗的决心，"死努力""瞎努力"依然是很多人的常态。你要知道，努力是讲究方式的，知识是分层次的。我经常说这样一句话："兄弟，光努力是不够的，要会努力才行。"

所以，为了避免盲目努力，普通家庭的孩子要做的第一件事，就是利用有限的资源，增长见识，开阔眼界。

第二步：改变性格

当我提到要改变性格时，总有些人会傻傻地问我："把自己的性格改变了，那我还是我吗？"我一般会反问他："你怎么不是你了呢？你只是改掉了性格中那些不适合发展的因素啊。更何况，绝大多数人都不可能把自己的性格完全改变。"

一般来说，与来自农村的学生相比，来自城市的学生见识要广一点，性格要外向一点，人际沟通能力也要强一点。而农村学生的独立性和进取心更强，其性格可能更偏于内向、自卑。当然这只是一个大概，具体情况会因人而异。

在向我咨询的学生当中，不自信、内向、胆小、不敢交际、不善于沟通、不敢表现、不会说话、没有毅力、没有胆量、不敢担当、优柔寡断的人占了很大比重。这类人如果不改变他们内向、自卑的性格，他们未来的生活也许不会有真正的快乐，他们未来的事业也会缺乏感染力。

而且，这些人就算把性格转变过来了，也未必就一定会有出息，最多跟某些城市学生一样，没有什么性格障碍，但思想平庸。把性格和眼界练出来之后，你就与某些城市学生站在了同等高度。如果你想继续超越他们，你必须把脑子练得灵光起来——脑袋，才是决定你高度的东西。

如果一个人没有毅力、没有胆量、不敢担当、优柔寡断，那么他读再多的书也不会有太多的成就。所以我觉得，对于一个普通家庭的孩子来说，要把性格改造当作一件与读书同等重要的大事来抓。

第三步：培养核心竞争力

在完成眼界拓展和性格改造之后，读大学最重要的事情，就是要培育自己的核心竞争力。这个核心竞争力到底是什么？因人而异，它可以是硬实力，也可以是软实力；它可以是专业技能，也可以是人际交往能力，还可以是创新思维能力。总之，核心竞争力是针对某一具体岗位而言，一种几乎无法被别人替代的能力。

现在，很多大学生没有核心竞争力的意识，所以他们都是相同的：同样的专业、同样的课程、同样的证书、同样的思想、同样的精神面貌，就像一把河沙，很难被区分出来。

还有很多人有一个思想认识上的误区，他们总以为核心竞争力就是自己的专业，其实不一定的。对于以后可能从事本专业工作的人来说，专业技能也许就是他们的核心竞争力。对于不同的行业和岗位，核心竞争力所指就不同。对于一个销售人员来说，沟通能力显得更为重要；对于一个策划人员来说，思维能力显得更为重要；对于一个创业者来说，领导能力也许更为重要；对于一个会计师或者理发师来说，会计水平和剪头发的专业技能更重要。

在中国教育信息网对企业人力资源部门负责人所做的关于"你的企业需要大学生具备什么样的能力"的调查中，有75%的人选择"有创业精神和创新能力；善于学习、钻研；有良好的融合力和沟通能力"。所以，大学生不应该一味地比拼成绩和证书，这是非常狭隘的定位方式。

十一、思辨力是一种奢侈品

> "行动是必需品,思辨是奢侈品。"在信息爆炸的时代,信息量大,谣言也多;这个世界再也容不得你信奉"沉默是金"了。缺乏思辨力的人,往往见风就是雨,分不清真假,甚至以谣传谣。只有提高思辨能力,才能适应这个纷繁复杂的世界。

(一)思辨力是一种很重要的能力

很多人学了一些专业技能,但思辨力还是很弱。

人们常说的"书呆子",在某种程度上就是社会经验缺乏、不知变通、思辨力很弱的人。

思辨一词,最早语出《礼记·中庸》:"博学之,审问之,慎思之,明辨之,笃行之。""慎思""明辨"强调的就是周密思考,明晰分辨。

法国哲学家柏格森说过:"行动是必需品,思辨是奢侈品。"

在生活中,思辨力弱有很多表现:

有些人都20岁了,张口还动不动就"我妈妈说","我妈妈说,我要考研","我妈妈说,要买一双白色的鞋子","我妈妈说,这类人不能做朋友"，等等。

面临选择，拿捏不定。比如填这个学校还是填那个学校，报这个专业还是报那个专业，毕业时接受这个 offer 还是接受那个 offer。

遇到几种不同的观点，甚至是截然相反的观点，就不知所措。我在做软实力教育的过程中，遇到最多的情况是："老师要我考研，但另外一些人说不用考研，我该怎么办？"

比如跟风，最奇葩的是一个学生在迷茫中摇摆不定地报了一个考研培训班，结果全班十多个人出于焦虑和攀比，也呼呼啦啦跟风报了同一个考研培训班，而这十多个人前一天还在纠结要不要考研。

同学说了几句，自己觉得委屈但又无言反驳。有位小雪同学，做了一份实习工作，经常出现的情况是，从公司回到学校宿舍后也需要不断通过电话或邮件处理工作事务。结果，宿舍里一个睡着懒觉无所事事的同学抬起头来说她一句："你这工作付出太大了，不值得。"小雪告诉我，她当时是："想了想，觉得她说得不对，但又不知怎么反驳。"

缺乏思辨力的人，经常陷入自我怀疑。你早起，别人说你变态了，你就怀疑自己是不是真变态了；你发空间说说，别人说你不正常，你就开始怀疑自己真的不正常了；别人说你话多了，于是你决定不说话了；别人说你不说话，哑巴了吗？于是你开始痛苦该不该说话。这类缺乏思辨力的人甘愿活在别人的嘴里，由别人的嘴巴来决定自己人生的价值和意义，就像一块橡皮泥，由别人来决定自己的形状，确实是挺悲哀的。

缺乏思辨力的人，就跟电影、电视剧常见的故事一样：一开始你认定他是个坏人，结果剧情反转，你开始认为他是个好人。然后剧情再次反转，你又认为他是个坏人。缺乏思辨力的人就是这么悲哀，没有自己的观点，没有自己的看法。

同样，在生活中，你会遇到一些家庭闹矛盾的事情。听了婆婆一把鼻涕一把泪地诉说她儿媳妇多么恶劣，于是你义愤填膺，觉得她媳妇罪该万死；等你听到她媳妇的倾诉辩白，你又发现她媳妇也挺可怜的，婆婆也不是什么好东西。缺乏思辨力的人就是这么可怜，他们总是在不断变化着自己的观点，甚至没有能力形成自己的观点。

这个世界，网络发达，信息量大，谣言也很多。常见的情况是，名人会受到各种攻击、污蔑、甚至诋毁。木秀于林，风必摧之。而缺乏思辨力的人，在没有实地接触和具体考证的情况下，往往见风就是雨，分不清真假，甚至以谣传谣。

在信息爆炸的时代，思辨力是决定人生成败的关键。只有提高思辨能力，才能适应这个纷繁复杂的世界。

但现实情况是，有些人硬实力（专业技术）不错，但软实力（比如思辨力）却很弱。著名华人经济学家、耶鲁大学终身教授陈志武先生也说：这些年看到这么多国内培养出来的杰出高才生，他们在专业上这么突出，但思维方式却显得那么僵化、偏执，社会交往能力又那么差，除了自己狭窄的专业就不知道怎么跟人打交道、怎么表达自己，让我非常痛心。所以，很多人在美国只能做一些技术活。

（二）重读小马过河

小马过河是经典童话之一。

故事的大概内容是：小马被河流拦住了去路，不知河水深浅，于是问了路边的牛伯伯，牛伯伯说河水很浅，才到小腿，过吧。而旁边的松鼠跳出来大叫：你想死啊，这河水深着呢，我朋友昨天就被淹死了。于是小马纠结起来，跑回去问妈妈，妈妈说你自己试试就知道了。最后小马一试就过去了。

学这篇课文时，老师一般会告诉我们：小马的妈妈真睿智，很会教育小孩，她教给了孩子一个道理：要养成自己尝试的习惯，而不是盲目听从别人的意见。

如果让我来解读这篇文章，我会在赞赏小马妈妈的教诲之后，继续告诉孩子们，其实小马妈妈的方法也不一定是最好的：虽然自己尝试是一个好方法，但毕竟这个世界的很多东西都是不能尝试的，比如去水库游泳，甚至触电、吸毒，等等。

我们必须懂得，比尝试更重要的，是要学会思考。我们来思考一下，如果你是小马，你会听牛伯伯的，还是会听松鼠的？最终你会发现，对于过河这件事，你到底要听谁的建议，取决于你的身高更接近谁。如果你身高近乎牛伯伯，那当然是听牛伯伯的；如果你身高近乎松鼠，那就要听松鼠的。事实上，小马能顺利过河，就是因为它身高远超松鼠而接近牛伯伯。

这就是思辨力。你不会盲目认为"能不能过河，自己试一试"是正确的解法，至少不会认为这是唯一正确的解法。

在现实生活中，小孩在没有监管的情况下，盲目去尝试淌过一条不知深浅的河流，大概率是被淹死。这是尝试的不能承受之重。

如果我是老师，除了教学生认字，我会更侧重于引导学生分析和思考，告诉他们，书本不一定是正确的，妈妈说的也不一定是正确的。

事实上，在工作中，我也经常用小马过河的故事来给年轻人答疑解惑。

经常有大学生问我："我现在很困惑，我的老师说我应该考研，但我实习企业的主管说我不用考研，我该听谁的？"

还有人跟我说："我妈妈让我考研，但我叔叔让我直接参加工作，我该听谁的？"

我说，这个事情得运用你的思辨能力，具体分析：

首先,你要知道一个道理,这个世界的大部分人给别人提建议时,都是站在自己的角度,而不是站在你的角度来看问题的。比如,一个长期颠沛流离的人,可能特别向往公务员稳定的生活,他会建议子女考公务员,其实这只是他把自己的价值观强行移植给了子女。比如,某个教授鼓励某个学生考研,可能只是他按照自己的发展路径,告诉学生考研是必经之路,但他忽略了高校学术圈外的职业发展路径及该学生性格及价值观的考量。

其次,你要听谁的建议,取决于你更想成为谁。你要成为教授,那就不要听企业家的发展路径建议;你要成为企业家,也要慎重听取教授的建议。道理很简单,小马过河的故事已经告诉过你了。

(三) 沉默真的是金吗?

很多人估计是被教蠢了,所以会不假思索地接受一些看起来正确的观点。比如,沉默是金。

很多人说,这是一句成语,能有错吗?

还有人说,这是教材里的,能有错吗?

我想说的是,你不一定要去论证它有错,而是应该有思辨力,知道该怎么去理解它和应用它。

在我看来,沉默有时候是金,有时候却未必。

起码,你在开创一番事业时就不能太沉默。也许做研发需要沉默和保密,但推广产品是需要营销和打广告的。"酒香不怕巷子深",就是营销界普遍反对的一句话。

你在创业时如果不接受采访、不接受报道、不做营销推广、不做广告,那么客户就找不到你。不仅如此,连人才都找不到你,你也吸引不到志同道合的团队。

姜太公为了吸引周文王的注意，一直在渭水边直钩钓鱼，直到把自己弄得满城皆知，周文王邀约晤谈。

很多人投奔曹操，那是因为他名气大，没人会去投奔一个无名小卒。

刘备去找诸葛亮，那也是因为他名气大。如果他少言寡语、低调不语，估计也没人知道他的存在。

这些都是高调的表现。

徐小平先生也说过，营销应该是创业者的基本能力。

其次，学习不能太沉默。很多人说，学习不就是闭门苦读吗？还真不是。有效的学习方式之一，是学了之后要出去讲、与人分享。因为你讲出去之后，会得到他人的反馈。只有这样，你才知道自己的理解对不对，领悟也会加深一层。

所以，学者会经常学术交流，要发表论文。因为你只有表达出来（而不是沉默下去），才能得到外界的反馈，才可能得到持续进步和成长。

至于在生活当中，沉默就更加不是金了。

有人经常被人误解，但被人误解之后，又不说出来，只好一个人闷闷不乐。这又何必呢？信奉沉默是金吗？

我们有一个学生，特别讨厌同学们给他取的外号——"狗蛋"，但他性格又比较弱势，加上可能信奉沉默是金，所以，他虽然一直很痛苦，但就是不好意思制止别人叫他外号，只好自己郁闷下去。

还有一个学生跟我说，她很不开心，她的床铺在下面，她特讨厌舍友坐她的床，因为有时候会妨碍她休息，有时候会弄脏她的被褥。我问她，你跟舍友谈过自己的感受吗？她说没有。我说，你没有表达过自己的感受，舍友们怎么知道你不喜欢她们坐你床上呢？所以，你的烦恼是你自找的，你不能指望别人从你的沉默里读出你的想法。

还有一个学生，参加了一些校外职业技能培训，回到学校后，仅仅因为性格更加活泼开朗了、更爱组织活动了、更爱起早了，被人说"你被传销了""你被洗脑了",就开始郁闷起来。

我问他:"当别人这么说你时,你是怎么回应的?"

他说:"我不想理他们,道不同不相为谋。"

我说:"那你错了。我跟你讲一个心理学的原理——当别人说你而你沉默时,他们会认为自己说对了,从而会变本加厉,更加肆无忌惮。所以,你应该表明你的态度。"

很多人就是因为不懂这个道理,用沉默强化了别人的错误认知。

别人叫你"狗蛋"的时候,你不舒服,干吗不说呢?你不说别人怎么知道你不舒服?虽然你说了不一定能改变现状,但你不说,肯定改变不了现状。

你不喜欢别人坐你的床,那你就告诉他们啊,你可以说:"大家以后可以不坐我的床吗?我每次整理卫生都很费工夫,而且我休息的时候可以不受干扰。感谢大家的理解与配合。"

当你早出晚归地折腾,别人说你"变态了"的时候,你除了不舒服,干吗不把自己的"不舒服"说出来?你可以说:"你了解过吗?你接触过吗?请你以后不要乱说话好吗?"

记住,在生活中,沉默只会强化别人的错误认知。而学会表达,则可以让你的沟通更加畅快。

(四)脑白金的广告语是病句?

在软实力的商业思维课上,我们有一次以脑白金的广告语"今年过年不收礼,收礼只收脑白金"为例,进行广告的分析学习。

这是一条大家都熟悉的广告语,从营销的角度,确实也设计得巧妙。

据说当初史玉柱做市场调研时问老头老太太们:"如果有一种保健品,可以改善肠道吸收功能,可以改善睡眠质量,你们愿意喝吗?"

老人们说："我愿意。"

史先生又问："如果价格是几百块钱一盒，你们愿意买吗？"

老人们说："我不愿意。"

于是，史先生发现消费需求和购买意愿之间的矛盾后，冥思苦想设计出了一条广告语——"今年过年不收礼，收礼只收脑白金"，几乎完美地解决了消费需求和购买意愿之间的矛盾：用一个"礼"字，明确地区分了使用者和购买者，而且明确地暗示了人们"谁该送""谁该收"。

在学完这个商业案例之后，学员蕾蕾发了一条说说，表达了自己对脑白金广告语的学习感悟。

岂料，一天后蕾蕾跑来告诉我，她的一位中学语文老师看见了，给她评论说："这个广告语是一个病句。"

我问："为什么是病句？"

蕾蕾说："我语文老师说，这广告语前半句说不收礼，后半句又说收礼，这不是自相矛盾吗？"

听完这个解释，我竟无语"凝噎"。

我们从商业的角度来分析广告语，他却从语法的角度来分析广告语。我只能说，你丰富了我的想象力。

（五）用人所长，无不可用之人？

有一句话，似乎在管理上广受欢迎——"用人所长，天下无不可用之人；用人所短，天下无可用之人"。很多初做管理的人，总把这句话挂在嘴上，好像学会了这句话，就学会了做管理。

但我对这句话有点不同的看法。

用人所长，真的就"天下无不可用之人"吗？

那为什么很多知名企业只去985、211高校招聘？——不是说，只要用人所长，天下人人可用吗？

为什么很多大公司招聘，都是来个"四面""五面"，面试四五次，恨不得给你装个全身扫描仪，把你的智商、情商、简历、潜力等扫描个遍？——不是说，只要用人所长，天下人人可用吗？为什么他们不去马路上随机拉几个人来"用人所长"？

客观地讲，用人所长，这句话有一定道理，但"天下无不可用之人"就有点绝对了。

我做企业十多年，也见过很多企业招聘，都是秉承"选人比育人更重要"这条原则的。也就是说，选择一个有潜力的人来培养，比随便找一个傻不拉叽的人来培养，重要多了。

据说阿里把人才分成"野狗""白兔""牛"等类型，而且明确说明，"野狗"类员工（能力优秀但价值观认同度很低的人）要坚决清除，"白兔"类员工（价值观符合但能力较差的人）也要逐步消灭。

据说京东也把人分成几类："废铁""铁锈""铁""钢""金子"。"废铁"型就是价值观不行、能力也不行的人，如果把这类人招进公司，要追究HR的责任；"铁锈"型的人（能力不错但价值观不行的人）也是被讨厌的一种人；"金子"型的人是价值观符合且能力不错的人，这类人是公司重视的类型。

牛根生先生用人有个著名观点：有德有才，破格重用；有德无才，培养使用；有才无德，限制录用；无德无才，坚决不用。

看来，所有的用人单位都有自己的选人标准和用人标准。虽然他们认同"用人所长"，但并不苟同"天下无不可用之人"。

你怎么看别人说的话，你怎么对某些东西"吸其精华、去其糟粕"，你怎么"去伪存真、去粗取精"，这就是思辨力——一种很重要的软实力。

（六）走入社会，你就有软实力了？

软实力是一种能力的统称，比如思维能力、学习能力、抗挫能力、情商、沟通表达能力、执行力，等等。每样能力细分起来，又可以分为很多种能力。

比如思维能力，又可以分为逻辑思维、创新思维、积极思维、消极思维、聚合思维、发散思维等。

比如学习能力，又体现在信息搜索能力、信息接收能力、理解能力、总结归纳能力、反省能力、悟性等。

总之，软实力是一个系统而庞大的体系。

在我的认知里，很少有什么能力是天生的，每一种能力都需要刻意培养和练习，才可能真正拥有。尤其是一些高级的能力，比某种具体的专业技能更难以学习，比如组织领导能力、战略思维能力等，这就是为什么"三军易得，一将难求"，为什么"将才很少、帅才更少"（古人云：能领兵者，谓之将也；能将将者，谓之帅也）。

但是，正在学习软实力的小亮跑来告诉我："我学长说，软实力这些东西不需要学习，等你走入社会，自然就会了。"

这应该是我听过的最奇葩的言论。

这世界上，有什么能力是"你走入社会，就自然会了"的？

你村里的二狗子，从小学到初中跟你都是同学，后来辍学外出打工了。他比你先进入社会六七年，他什么都会了吗？是变成了一个商业思维发达的企业家，还是变成了一个思维活跃的营销策划专家？是情商比你高了几个等级，还是见识比你高了几个量级？

我们大部分人的普通父母，进入社会已经几十年了，软实力"自然变得很强悍"了吗？是思维特别深刻，还是眼光特别独到？是组织领导能力特别强悍，还是影响力特别强大？

我见过很多毕业就待在工厂流水线上、每天工作十几个小时的人，由于长年累月不怎么讲话，表达能力非常薄弱。表达能力也是需要刻意练习的。

我见过的老头老太太，进入社会几十年了，也不是每个人都情商很高。甚至，有些人的情商还不是一般的低，低到不仅周边的人不喜欢他，甚至连子女都不怎么愿意与之相处。难道你觉得，一个人的情商跟年龄成正比吗？年龄越高情商就越高？既然不是，那就说明情商也是不可能自然形成的，也是需要刻意训练的。

这个寒假，一个学生跟我说，他爸妈整天叨咕抱怨，说他读大学浪费了家里多少钱，说他参加校外培训是不务正业。说实话，虽然有些人进入社会几十年了，但思想观念依然迂腐得让人不忍直视。我之前从没见过有家长反对小孩读大学的，但这次是真的见到了。城里的家长们从孩子三四岁时就开始送他们参加各种培训班，而且觉得这是一件再正常不过的事情。但一些没见识的家长，一听说自己的孩子二十年来第一次参加校外培训班，就不分青红皂白地坚决反对。思想见识差别之大，让我很难认同一个人的思想见识是"走入社会，自然就会"的。

记住，不论是硬实力还是软实力，没有一种能力是"走入社会，自然就会"的。所有的能力，都需要刻意练习，所谓"拳不离手，曲不离口"就是这个意思。哪怕是你想纠正充满乡音的发音，都需要刻意练习。更何况，这世界上比学说普通话更难的事情多了去了。

（七）说人坏话，是什么心理？

每个人的一生，都不可避免地会遇到一些说自己坏话的人。不论你是名人，还是普通人。

1. 哪些人爱说人坏话？出于什么心理？

（1）首先，相当一部分坏话是报复行为

如果你是一个善于总结的人就会发现，你不可避免地会得罪一些人，而且人数还不少。

比如，不及时回复消息。

你收到别人发给你的消息后若没有及时处理，或忘记处理，那么不用猜，你已经得罪了一些人。因为有些人可能会想：你不重视我，你不想理我了，你看不起我了……

比如，你把微信朋友圈设置为三天可见，或把 QQ 空间设置为禁止访问。

也许你是无心的，但别人可能不这么认为，他们可能认为是你防备着他们。所以，不好意思，你可能又得罪人了。

我曾经有一段时间把空间设置为禁止访问，结果就引发了一个朋友的恶意中伤，原因仅仅是因为他觉得自己的情感受到了伤害——觉得自己被排斥了。

比如，你不懂一些社交礼仪，给人敬酒的时候，没有按照约定俗成的顺序，把一个重要人物放到末位了。很有可能，你又得罪了一个人。

比如，有人找你借钱。你不借吧，毫无疑问，你基本就得罪了这个人；借了吧，也不一定就不会得罪。

你会说，人活着真累，到哪里都得罪人。是的，而且有些"得罪"，是你自己都不知道的得罪。

你应该有这样的经历：你交了一个新朋友，但原来的老朋友不高兴了。换句话说，你把老朋友得罪了。很多人就跟我说过这样的经历：她不喜欢自己的闺蜜有别的朋友。

得罪人这事儿，很简单。哪怕是你什么都没做，只是当了公司主管，或当了学生干部，你的同事或同学可能就不高兴了——"凭什么是你，你就这么优秀吗？""哟，你当官了，跟我们就不是一伙的了。"本书"人际关系"章就写过这么一个案例：他就特别嫉妒舍友在篮球队混得好，特别嫉妒来宿舍的人都是找他室友的。

甚至，你只要长得漂亮一点，就有人看你不顺眼；你只要人际关系好一点，也有人在背后给你使坏。

现实中的狗血事，比宫斗剧情一点也不差。

把别人得罪了，就很可能受到别人的报复。这种报复，可能是肢体行为上的伤害，也可能是语言上的攻击、诋毁、污蔑，甚至是造谣中伤。

比如，每个公司在管理过程中都不可避免地会辞退一些人。我曾经开除过一个能力有问题的人，这个人后来也颇有微词。还有一些人，因为没能获准参加我们的活动就怀恨在心。

(2) 其次，说人坏话也算人性使然

心理学研究证明，人在说别人坏话时，会有一种莫名的快感。

比如某些键盘侠，明明别人跟他一点关系都没有，明明他不认识别人，也许他们仅仅是看了一些花边新闻或不实消息，甚至只是因为看到上一位评论者在说坏话，他们就跟风留言、污言秽语、谩骂连篇。

只不过这种"说人坏话"的习惯，在那些心胸狭窄、心理阴暗的人那里，表现得尤为突出。所以，江湖上才有"宁愿得罪君子，也不要得罪小人"的说法。

大卫·波莱写过一本书叫《垃圾车法则》（又名《垃圾人定律》），其意为许多人就像"垃圾车",到处跑来跑去,身上充满了垃圾:沮丧、愤怒、忌妒、贪心、怨言、攀比、仇恨、无知、报复……随着他们心中的垃圾堆积得越来越多,最终需要找个地方倾倒。有时候,我们刚好碰上了,他们就把垃圾丢到我们身上了。但是,你不要介意,你只要微笑、挥挥手、祝福他们,然后继续走自己的路就行。千万别将他们的垃圾接收过来并扩散给同事、家人或其他人。

2. 我们自己应该怎么做?

既然知道了说人坏话是一种"垃圾车"行为,那我们自己应该怎么做呢?

(1) 尽量做到不说别人坏话

虽然做到不说别人坏话很难,但要尽量做到。你做到了,受益最大的其实是你自己。有人说:"我做不到怎么办?"我说,人生是需要修炼的。所谓修炼,就是让你自己的举止言行和人生轨迹,按照自己心中的理想方向展开和发展。凡是能够战胜自己缺点甚至人性弱点的人,就是修炼到家的人。

(2) 定睛识别:说人是非者,必是是非人

如果一个人老是在你面前说别人坏话,你不要高兴,也不要掺和。他能在你面前说别人坏话,就也会在别人面前说你坏话,因为他的本性就是这样的。这样的人,不能交朋友,要"敬鬼神而远之"。

在我们公司,新入职员工培训时,我一定会给他们强调一条原则:不要说其他公司的坏话,不要说同行的坏话,不要说同事的坏话。这一点,到现在为止,我和我的同事们都做得很好,它也是"软实力教育"企业文化的一个重要方面。

(3) 培养思辨力,分辨真话和鬼话

你既然知道很多坏话是出于报复心理或人性使然,当你听到有人说坏

话时，就要有思辨力，不然，只会让你自己陷入迷茫之中。

思辨力是需要培养的，分辨别人讲话里的善意和恶意，也是增长思辨力的方式之一。

(4) 人生不易，要内心强大

你既然知道，不论自己怎么做，都无法让所有人对你满意；无论自己怎么做，都不可避免地会得罪一些人；无论自己是谁，都会有人说你坏话，那么，你就要知道，内心强大，也是一种能力。"欲戴皇冠必先承其重"，就是这个意思。

（八）你变了，我不知道你发生了什么

小华，曾经内向自卑，少言寡语，甚至可以说是了无生趣。但最近通过自己的努力，开始变得活泼开朗，爱说爱笑，也喜欢每天发一条说说，来展示自己对生活的热爱了。

可是，"小荷才露尖尖角，早有口水喷上头"。

情况是，他的一个朋友发现他变了，于是"忧心忡忡"地发给了他一段话：

> 我不知道你发生了什么，但我感觉你像一个喝"鸡汤"过头的教徒，空间里每天发一些没有实质的"鸡汤文"。
>
> 你现在变得阳光开朗，这很好。但改变了就要去做实事。
>
> 四级过了吗？专业课都学好了吗？奖学金拿了多少？该考的证书通过了多少？
>
> 我见过一些同学，刚上大学那会儿很自卑、很不自信，想要改变自己。但他们不是通过实质性的形式，比如参加学校组织的比赛，而是参加什么社团或其他什么组织。之后他们的状态也就

像你一样，像个虔诚的教徒，天天发"鸡汤文"。然而，实质性的东西——他们的学业依然没有改变。

你要知道，真正能提高自己的，是自己的亲身实践，经历了现实的挫折才会让你越来越强大。优秀的人往往都是沉默的，在沉默中变得优秀。

你现在是变得开朗了，但你失去了当初的纯真。一般人我不想多管，毕竟我和你是好朋友，所以提醒你几句。你能明白多少，能不能醒悟，就靠你自己了。

小华把这段"劝告"转发给了我。

可以看得出来，他开始怀疑自己了。至少，他被这段话影响了。

因为，如果你对某个观点嗤之以鼻，就根本不屑于转发它。"转发"，就相当于它激起了你思想的波澜。这好比，一个人看不起另一个人，目光都不会落在他身上，更别说记到心里、耿耿于怀了。

小华为什么被朋友的几句话"劝告"影响了呢？本质上是因为思辨力不够，主要体现在以下几个方面：

(1) 我发空间说说，有错吗?

别说小华，我也喜欢发说说。但我发空间说说，我就有错吗？

我发说说或朋友圈的目的之一，是记录生活的美好，并养成了习惯。比如早上看到操场的茵茵绿草，心动了，拍一张；中午看到美味的饭菜，拍一张；下午看到一个小孩扶着老奶奶过马路，感觉画面很美好，拍一张；傍晚看到美丽的夕阳，拍一张。同时，也可能描述一下当时的心情。我一直有个想法：老了之后，八九十岁，哪儿也去不了，就躺在阳台的摇椅上，翻看我的说说，一天一天，一年一年，我就知道我这一生的每一天是如何度过的。这是多么美好的一件事情啊！人生还有什么比"老了之后，什么记忆痕迹都没有"更遗憾的事情呢？

有一个学生患有抑郁症，看了我近几年的说说之后对我说："在你这里，我看到了生活的美好，和你对生活的热爱。我之前不会注意这些东西，也感知不到这些美好，所以，我现在也想通过发说说，来督促自己发现生活中的美。"

我很开心，希望自己这么一个小小的行动，能改变她对生活的态度。

我发说说的第二个目的，是要向社会传递我的动态。

比如，关心我的朋友需要知道我的动态和喜怒哀乐，那么说说和朋友圈，就是最简便的渠道。毕竟，我不可能逐个向他们汇报，也不可能逐个给他们写信。

说说或朋友圈，也是他人了解你的重要渠道。上年我邀请一个人来我们软实力公司工作，就是因为我长期关注他朋友圈的动态，发现他喜欢户外活动，生活感悟也很深刻，在营销领域也经常发表自己的见解；他对生活热爱、对亲友有温情、对专业有见解，这样一个人，我能不欣赏吗？

现实的情况是，只要你发动态，就有人攻击你——"你每天发说说，没正事干吗？"

呵呵，你怎么知道我没事干？我每天用两分钟发一条说说，就代表我没事干了吗？就代表我浪费时间了吗？请问你的逻辑是怎样构成的？

在我看来，有人喜欢发说说，有人不喜欢发说说，这是正常的个体差异，相当于有人喜欢自拍，有人不喜欢自拍，这没什么好说的。可是偏偏有人拿这个说事，就显得比较幼稚了。

（2）懂得"鸡汤"是什么吗？

小华的朋友，看来是非常反感"鸡汤"的，他认为小华是"喝鸡汤过头"了、改变"没有实质"。

我觉得，小华的朋友怕是对"鸡汤"有什么过度的误解。

根据百度的解释，"心灵鸡汤"是对世界较为乐观的认识或行动指引，具有精神安慰作用、动机强化（励志）作用。当今快节奏的生活和无处不在的压力,许多人都需要这种激励性的"语言艺术治疗"。

撇开这些文绉绉的解释不说,我自己也很少读"心灵鸡汤",但我不会否认它们的激励作用。

曾经年少时,我也会"脑残"跟风,莫名其妙地就跟着某些反"鸡汤"的人士去反"鸡汤"。但是,通过近年的研究,我发现"鸡汤"也有自己不可替代的作用。对于一个脆弱的人来说,它可以治愈、抚慰心灵的创伤,毕竟,这个世界并不是每个人都内心强大、具有强大的自愈能力。我还发现,有些"鸡汤"还含有很多指导为人处世、培养情商的哲理和启示,甚至有些人生道理讲得非常精辟。我甚至觉得,情商低的人应该多读点"鸡汤"文章。

大部分成人不怎么读鸡汤文章,是因为他们具备了一定的人生经验,有了较强的思辨力,能客观地看待和处理一件事。所以,不能一概否认鸡汤文章的积极作用。

(3) 懂得"实事"是什么吗?

小华的朋友还说:"你性格改变了,就要去做实事。四级过了吗?专业课都学好了吗?奖学金拿了多少?该考的证书通过了多少?"

我想,他一定是对"实事"有什么误解。

"实事"是什么?难道只有"过四级、学专业、拿奖学金、考证书"叫"实事"吗?

那些死活不喜欢专业的人,你叫他如何"学好专业、拿到奖学金"?

不喜欢自己的专业,也是许多大学里存在的常见现象。这个能理解吧?这类大学生是不是该另谋出路,另做他事?

证书,目前来看,大多用于证明某项专业技能,比如计算机等级证书、建造师等级证书,等等。但能力没法都用证书来证明,这个应该懂吧?比如思考辨别能力、抗挫折能力、情商、人际沟通能力,等等。而且,这些能力对实际工作的重要性一点都不比证书小。

我管理企业这么多年，招聘过很多人，也辞退过很多人，有些人是专业技能不足（硬实力不过关），也有很多人是软实力不足。

2010年，我辞退过一个人，这个人上班老是迟到，屡教不改，而且动不动就请假。有一次他请病假，我准了。但刚好我开车出去办事，看到他在路边店里逛街买衣服。我辞退了他，不是因为技能的不足，而是因为职业素养的缺失——迟到、说谎。职业素养也是一项软实力。

2013年，我辞退过这么一个人。我每次布置了任务，问他结果如何。他总说还在做，但总是看不到结果。比如我让他发文章，规定他每晚9点发，结果他总是拖延到10点发。我第一次提醒他，他说好，但第二天照旧延误。我第二次提醒他，他还说好，但第二天依然没有改。我这样连续提醒了一周，每次他都说好，但每次都不改。我辞退了他，原因是他的拖延症、执行力太弱。你没进入职场，你可能不知道执行力也是一种能力。

2018年，我辞退了这么一个人：沉默寡言，不喜欢表达自己的想法，从来不向上司表达想法，也不针对具体问题发表建议，甚至跟客户交流都不怎么说话；条理性也很差，随便遇到几件事就搞不清头绪。尤其要命的是，不喜欢配合其他部门的工作，有时候还会给部门之间的交流制造阻碍。我辞退了他，原因是他不善沟通表达，缺乏团队协作意识。你可能没进入职场，不知道沟通表达能力、条理性及团队协作能力也是很重要的能力。

上面仅仅是几个例子，社会需要的能力、职场需要的能力、不同岗位需要的不同的能力，多了去了，岂是几个"四级、专业、证书、奖学金"能够概括和练就的？

井底之蛙之所以嘲笑小鸟，是因为井蛙坚持认为天空只有井口那么大。

所以，你不知道别人是否喜欢专业，你不知道别人是否有别的人生规划和发展定位，凭什么让别人按照你的意愿，一律要求"学好专业，拿到奖学金"？

（4）懂得"实质性的东西"是什么吗？

小华的朋友说小华"不做实质性的东西，比如参加学校组织的比赛，而是参加什么社团或其他什么组织"，来说明他自己心中"实质性的东西"具体是什么。

我想，小华的朋友，应该对"实质性的东西"存在什么误解。

难道只有"学校组织的比赛"才是所谓的"实质性的东西"吗？

难道学校的社团或其他"什么组织"，就不是实质性的东西了？

社会的基本组成单元——企业，也不是学校的，那是不是也不是"实质性的东西"了？那是不是也不用到那里实习和工作了？

（5）我发说说，就影响自己的经历了吗？

小华的朋友又说："真正能提高自己的，是自己的经历"。

这句话错了吗？没错。

但我发说说，就影响到自己的经历了吗？我发说说，与我不断去经历有矛盾吗？为什么把这两件事对立起来呢？这是什么逻辑？

（6）优秀的人都是沉默的吗？

小华的朋友劝说道："优秀的人往往都是沉默的，在沉默中变得优秀。"

这是什么逻辑？

在我见过的人中，优秀的人有沉默的，也有不沉默的。优秀和沉默，没什么必然的关系。

孔子影响了无数代华夏子孙，是优秀的人，但他并不沉默寡言，而是开门收徒、周游列国、著书立说。

雷军是个优秀的企业家，也经常发微博。

马云是个优秀的企业家，但创业几十年来，一直在四处"布道"，发表了无数经营企业的新理念，还创办了湖畔大学，亲自上台讲课。

我曾经琢磨过一句古话："小隐隐于野，中隐隐于市，大隐隐于朝。"

为什么小有能力的人，会隐居于山林？比较有能力的人，会隐居于市井？顶尖高手却隐居于朝廷？

后来我琢磨出了答案：成为顶尖高手，必定需要宽阔的视野和各方面的信息，而这些东西，任职朝廷时最易最常看到。一个高手如果长期隐居山林、与世隔绝，他就会慢慢退化，因为缺乏对世界和社会动态的把握。

所以，马云、雷军等企业家对商业、对市场的见解，肯定胜过大部分书斋里的老头，也远胜那些村野老夫。原因很简单，他们一直沐浴在行业的最新信息中。

我说这些，是想告诉大家：优秀的人，往往积极入世，善于分享观点。他们主动参与社会，广泛接收信息，会主动分享、接受反馈，所以，就越来越优秀。

（7）我变得开朗了，就失去纯真了吗？

小华的朋友对小华说："你现在是变得开朗了，但你失去了当初的纯真。"

这是什么逻辑？

我变得开朗了，我就失去了纯真了吗？

难道我做回原来那个少言寡语、内向自卑，甚至偶尔抑郁的人，才是保持纯真吗？开朗和纯真，有矛盾吗？

（8）无知的关心也是一剂毒药

小华的朋友对小华说："一般人我不想多管，毕竟我和你是好朋友，所以提醒你几句。你能明白多少，能不能醒悟，就靠你自己了。"

这句话真是"高屋建瓴"，大有仙姑点化凡人的风范——"为师只能教你这么多了，能不能醒悟，就靠你自己的造化了。"

而"一般人我不想多管，毕竟我和你是好朋友"这句话，体现了人们常说的，"无知的关心，也是一剂毒药"。

这世界，很多人劝说你的出发点可能并不坏，但作用往往出乎意料的坏，因为无知的关心，也会毁灭一个人。

别人为什么会说你？深究起来，大概有两个原因：

其一，他们不适应看到你的改变，习惯看到一成不变的你。如没人喜欢自己的物品被人挪动位置，因为这需要接纳和适应。

别说你改变了性格、改变了自己正在做的事情，哪怕你只是改变一下自己的发型，都有一堆人来说你，因为他们不适应看到你的改变。懂得了这个道理，你就能懂得他们的反应。

其二，更重要的是，人性是不喜欢看到与自己不一样的人。

这一点，在生活中多有体现。

睡懒觉的看不惯起早的，起早的看不惯睡懒觉的。

读书的看不惯折腾的，他们可能觉得对方是不务正业。而爱折腾的也看不惯读书的，觉得他们是死读书，缺乏很多社会能力。

为什么会这样？因为他们都拿着自己的价值观去衡量别人。

(9) 当别人说"你变了"，怎么办？

下次如果有人对你说"我不知道你发生了什么"，你可以很客气地告诉他："我发生了变化，谢谢。"

下次如果有人对你说"你变了"，你可以坦率地告诉他："是的，我变了，你没看错。"

我变了，这个词就一定是贬义词吗？

我没有变化，就一定是好事吗？

我变与不变，只在于我自己是不是更开心了，更接纳自己了，更好地发展了。我要不要变，不需要别人来评判，更不需要活在别人的口里。

有一句话很经典——别人说你变了，是因为你没有按照他的想法活罢了。

（九）小结

人的强大有两种，一种是思想的强大，一种是内心的强大。

而内心的强大，往往是因为思想的强大。思维幼稚、思辨力不够的人，往往容易被他人的言论左右，被别人的看法影响，而且往往没有能力判断对方的言论和看法是否正确。

而思辨力，是一种重要的软实力。

十二、软实力时代来临

> "个人软实力":没法用证书考核的能力。你什么都可以没有,但不能没有进取心!为什么常常"富不过三代"?羊群效应:跟风跟到哪里去?眼界、思维、迷茫、格局的关系。现代大学生,要一只眼睛读书,一只眼睛看社会。读大学究竟读什么?

(一)什么是软实力?

1. 什么是软实力?

20世纪90年代初,哈佛大学教授约瑟夫·奈首创软实力(Soft Power)概念,从此启动了软实力研究与应用的潮流。软实力的概念一经提出,便在世界范围内得到积极响应,世界各国纷纷研究并认真谋划提升自己的软实力。

软实力这个词一般用在国家、城市、企业等组织概念上,约瑟夫·奈就将综合国力分为硬实力与软实力两种形态。硬实力(Hard Power)包括土地面积和人口等基本资源、军事力量、经济力量和科技力量等,软实力则分为国家的凝聚力、文化被普遍认同的程度和参与国际机构的程度等。

与国家、城市和企业的软实力不同，我将"个人软实力"明确为：一个人的能力可以分为硬实力和软实力两种，软实力是指没法用证书考核的能力，比如思维能力、沟通能力、表达能力、领导力、快速学习能力、团队协作能力、性格品质等，而硬实力是大学文凭、技能等级证书等可以证明的能力。

2. 软实力的时代背景

很多人问，为什么以前没听说过软实力这个概念，而现在频频映入眼帘？

其实，软实力这种能力从古至今一直存在，因为思维能力、沟通表达能力、性格品质等一直都存在。诸葛亮就是一个典型的软实力型人才，他强在策划和谋略。刘备也是一个典型的软实力人才，他硬实力（武艺）不如关羽、张飞，但他强在组织领导能力，能凝聚人才，能坚定目标。

软实力这个词之所以现在会频频出现，首先是因为约瑟夫·奈创造了这样一个词并用它概括了这样一类能力，其次是因为软实力在现在这个时代的重要性越来越凸显了。

软实力越来越重要，是基于中国市场经济的转型和人才观念的转变。以前对人才的考核标准比较单一，只要你拿着大学文凭，就能找到一个好工作。而且，那时大学生数量稀少，所以都是香饽饽。但随着市场经济的转型，人们对人才的观念也悄悄地发生了改变。比如一般新型企业，不会因为你是硕士、博士就会聘用你，他们用不用你完全取决于你的能力和你能创造的价值。部分"关系企业"或"垄断企业"，一般也会设试用期，其实就是考察你的真实能力。所以，史玉柱甚至说了一句这样的话："博士和初中生没啥区别，能干就行。"

总结一下就是，在经历过对学历的疯狂崇拜之后，现在的人才观念逐渐从"学历"过渡到"能力"，逐渐意识到高学历不等于高能力。也就是说，以前只注重拿文凭、考证书，但现在更加关注文凭、证书后面的能力及一些没法用证书和文凭证明的能力。其实任何东西在经历狂热之后都会回归理性，近些年的英语热、考研热、出国热甚至高考热，都在回归理性。我一直反对盲目考研和盲目学英语。而高考人数的逐年减少，弃考人数的逐年增多，都说明人们已经开始理性地看待社会需求和大学教育了。

软实力之所以越来越重要，也与现在"专业就业不对口、工作更换速度加快"的社会形势有很大关系。

专业就业不对口，是说你从一个专业毕业，但毕业之后你未必有机会从事本专业的工作，学了四年的专业知识不一定派得上用场。那么这个时候你凭什么生存呢？答案是软实力——在任何一个行业和岗位都能独立思考、与人沟通、快速学习的能力。这种能力，之前被人们笼统地称为"综合素质"或"通用能力"，也就是在任何岗位都可能要用到的能力，而对有些岗位尤其重要。

而"工作更换速度加快"也是一个新的社会现象。我们的父母或者爷爷那两代人也许一个工作可以干一辈子，但现在这种事情越来越少了，基本上每个人一辈子可能要转换几个行业、几个工作，有些毕业生甚至在一年内就换了五六份工作。当职业更换速度越来越快的时候，谁能保证自己的每一份工作，用的都是大学里学过的专业呢？也就是说，专业知识可能过时，也可能用不上，但正如李开复所说："不管你在哪个行业或者哪个职位，思维、沟通表达等软实力都会伴随你一辈子。"

软实力教育之所以显得越来越重要，与传统教育的某些弊端也有很大关系。

中小学教育方面，很多家长和老师一味重视成绩，对学生的心态培养和性格品质的塑造做得非常不够。其实很多学生之所以沦为"差生"甚至考不上大学，并不是因为他们的智商比别人低，而是因为他们进取心不够、人际关系不好，对某门课程的意义不明确而没激起兴趣等。所以我经常说，很多家长不注重从软实力方面来培养孩子，一味地请家教补课是没有用的。

我经常说，很多人读了这么多年书，把梦想给读没了。我们小时候是有梦想的，你去问一个小孩子："你长大了之后要做什么呀？"他一般会回答："我要做科学家，我要做警察。"现在如果你去问一个大学生："你以后要做什么呀？"大部分人会瞪着一双迷茫的眼睛说："以后，不知道。"我一直觉得，失去梦想和目标的人，跟行尸走肉就没什么区别了。梦想，也是一种软实力。

还有很多人把自信给读没了。很多学生问我："老师，读大学怎么把自信给读没了呢？"我听到这话都觉得沉重，没有自信的人生是不精彩的，没有自信的人也是发挥不出潜力的，但现在有些教育却吞噬了一个人的自信。自信，也是一个人的软实力。

很多人读了这么多年书，竟然读得越来越迷茫了。韩愈说："师者，传道授业解惑也。"但很多学校重"授业"而轻"解惑"，这也是目前教育遴选制度导致的问题。

很多人读了这么多年书，读得家庭负债累累，毕业时找了份不死不活的工作，连自己都养不活，更别说回报父母了。我同样认为，读书需要实现理想，需要回报社会，但如果一个人倾其所有读了这么多年书，却养不活自己，同样是一种悲哀。读书不是为了吃饭，但没饭吃就没法做贡献。如果一个人连自己都养不活，谈什么为社会做贡献？不为国家增加负担就是万幸了。

很多人读了这么多年书，把思维能力、人际沟通能力、语言表达能力给废了，这一点我在书中有大量论述，此处不再赘述。

3. 软实力之性格品质

正如本书所说，软实力包括的能力有很多：思维能力、沟通表达能力、情商、组织领导力、自我学习能力、自制力、抗挫力、自我调整能力、眼界见识，等等。但我想重点讲一下性格品质。

我一直认为性格品质对于一个人的成长和发展特别重要。一个人只要有良好的性格品质，就算你出身再差、学校再烂、起点再低、失败再多，都可以奋斗起来。所以我经常说："你什么都可以没有，但不能没有进取心。"但是，几乎我每次演讲结束后，总有同学问我："如果大家都按照您的要求那样上进，那世界岂不是早就爆了？"我很奇怪现在有些人的思维模式怎么是这样的，他们思考的出发点不是"我要怎样"，而是"别人是不是都会怎样"。这类人没有强烈的进取愿望，只会跟风行事。

我读大学时，我们班有这样一个没一点主见和独立意识的同学，他最喜欢问我这样的话："你做的事情你家里知道吗？老师知道吗？从小到大不都是要经过他们同意的吗？他们不同意的事情我们怎么做得好啊？"而且有一次寒假买回家的票时，他打电话给父母说："火车站好多人，买不到票，怎么办呢？你们来接我吧。"你都不愿意相信，这种话是一个20岁的人说出来的。但在现今大学里，这种缺乏独立性的人，满眼皆是。

最幼稚的事情是我一个大二的助理萍萍跟我讲的一个片段。在宿舍，有人会问萍萍这样的问题："萍萍，我今天要不要吃中饭啊？""萍萍，今晚我还要不要刷牙啊？""萍萍，你说我是先看这本书，还是先看那本书啊？"怎么样？如果你有这样一个女儿，估计你都会觉得自己很失败。虽然这只是生活中"细小"的对话，但"细小"中也反映出很多学生独立思考、独立判断能力的缺失。

这种没有思考习惯、缺乏独立性的例子在现在大中小学生中数不胜数。而我一直坚持认为，这种没有独立思考能力、缺乏上进心、缺乏抗挫折能力的人是没出息的。不管是不是因为独生子女的原因，结果就是结果，不中用就是不中用。我见过很多喝奶粉长大的人总是一副病怏怏的样子，而我们这些吃白米饭长大的人却茁壮健康；我见过很多在推车摇篮里长大的人总是弱不禁风的样子，而我们这些在泥巴里爬大的人却每天毅行五十里也没有问题。

可是现在的家长和老师呢？一看到外面有危险，就把孩子和学生给"圈养"起来。几个小细节就看得出来：孩子开学报到，家长整理好所有东西送到学校，并亲自排队或挤队替孩子报名、亲自帮孩子找寝室，甚至亲自为孩子整理床铺、衣柜和书架。于是，那些孩子因为缺乏经验、锻炼和见识，迟早都可能上当受骗、遭受更大挫折，等等。因为你作为父母，是不可能陪伴孩子一辈子的。

所以，我在演讲中经常说，很多人都死在了家庭、父母和学校过于强烈的保护意识之下。提倡独立，但永远有人会帮你代劳过了；提倡思考，但永远有人已经替你思考过了。

很多人问我为什么要创办"软实力教育"，我说，是为了将更多人从死记硬背中解放出来，从考级考证中解放出来，将考试机器变成真正的人，学会思考，学会学习，学会判断，学会独立，学会做人，学会靠做试卷做不出的一切。

我在想，将来有一天我有了小孩，假如他走路时跌倒了，我绝对不会心急火燎地跑过去扶他，我会说："你自己爬起来，爬起来之后老爸我就抱你。"为什么要这么做？因为我见过太多的小孩子跌倒了之后在那里傻帽似的甩着胳膊哭，然后等待着父母来扶他，即使他已经七八岁了，已经能够自己爬起来了；假如他要上学报到，我最多会陪同他到学校，但一定让他自己去排队、挤窗口，去熟悉报名流程，去看看工作人员的脸色，去看看那些农村孩子交不起学费的眼神；假如我孩子要去参加某个活动，我会一点东西都不给他收拾，哪怕明明知道他没带钱包，我也不会提醒，因为只有他吃过几次亏，才会变得善于准备，变得心思细密。

我不是不爱我的小孩，但我觉得"懂得如何去爱"是一门学问，也是一门艺术。很多人稀里糊涂地就当了父母，然后用无知的方式培养了一个又一个草包。所以，我觉得"富不过三代"这句话在某种程度上是很有道理的。

4. 软实力之独立思考能力

软实力包括的能力有很多种，我还想特别提一下独立思考能力。缺乏独立思考能力的人，不仅在生活中容易上当受骗，在工作和事业上也不可能有所创新，而且特别容易跟风从众。

我还见过很多这样的大学生，每次做事情，他都会先参考他们班的人数比例，比如多少人考研了、多少人参加比赛了、多少人去听课了、多少人去参加培训了，然后他再选择一个人数最多的去做。

比如我们主办过的一个商业实战活动，很多人来报名时，他们第一句话问的是"多少人报名了"，我回答之后，他们第二句话问的是"我们学校有多少人报名了"，第三句话问的是"男生报了多少，女生报了多少"。用时下的话来说，这种跟风行为是多么的"脑残"。你参不参加一个活动，为什么要取决于人数呢？我见过有的人来参加活动，二话不说，因为他们很清楚自己想要的是什么。

缺乏独立思考能力的人，喜欢参考他人。而我的结论是，你身边的大部分人都不具有参考价值。因为他们的知识面、思想境界、迷茫程度都和你差不多，甚至更多的时候他们还不如你。如果你看他们人多就跟着他们走，那就是典型的羊群效应。

（二）对软实力的认知误区

1. "不需要考试的东西都是不重要的。"

我们所处的时代正经历着风起云涌的大变革，思想观念更新越来越快，我很奇怪的是，依然有很多大学生还是只会考试的机器。在他们的观念里，依然秉承着一个信念：凡是不需要考试的东西都是不重要的。

现实中确实有一类能力是没法用证书证明的，比如你的思维能力、沟通表达能力，没人给你发一级思维证书、二级思维证书，也没有人给你发一级沟通证书、二级沟通证书，更没人给你发一级表达证书，二级表达证书，但你就能因此认为思维、沟通表达不重要吗？

如果你是一个老板，你是要一个思维活跃、创意十足的员工呢，还是用一个思维幼稚、不想事的员工？

如果你是一个老板，你是要一个人际关系稀烂、没有团队协作精神的员工呢，还是要一个情商不错、善于协作的员工？

2. "软实力这种能力是虚的还是实的？"

"软实力这种能力很虚吗？"这是我被问过次数最多的问题，也是明显没有经过脑子的问题。我归纳了一下，发现说软实力很虚的人有几种情况：

第一，很多人都是"视觉型动物"，他们喜欢凭视觉和手感来判断一个事物的价值。凡是没有证书证明的都是虚的，凡是没有教材可以背的东西都是虚的。如果这个逻辑正确的话，那么，国家就只需要搞 GDP 建设而没有必要搞精神建设了，企业就只需要搞办公场所建设而没有必要搞企业文化建设了；学校就只需要搞大楼建设而不需要搞大师建设了；个人就只需要补充奶粉进行身高和肌肉建设而不需要办教育、搞培训和思想建设了。

第二，这类人没有将软实力练到家，软实力在他们身上发挥不了任何作用，所以他们认为软实力是虚的。其实，不是软实力没用，而是他们自己没练好。任何东西没有练好都发挥不了作用，就像学英语者众而用英语者寡一样，将英语学成半桶水的时候，英语也是虚的。

3."软实力怎么练？"

一次软实力讲座结束后，一个学生欣喜地跑上来跟我说："听了你的讲座，我的软实力就提高了。"

我觉得很奇怪，软实力的大部分项目，是听听就能提高的吗？后来，我慢慢发现，有几类人是难以练好软实力的。

第一类人是方式、方法错误。很多人总以为软实力是听听、看看就能提高的，其实软实力跟英语和其他专业技能一样，是个很具体的东西，需要不断地训练才能练好。谁说思维能力、沟通表达能力、领导力及性格品质等是一朝一夕或者看几本书就能练成的呢？

第二类人是在思想观念上认为它是一个附属的东西，总认为它处在边缘地带。其实不然，虽然不同的岗位对软实力需要的程度不一样，但软实力强悍的人更有发展空间。

第三类是跟风的人，他们做任何事情都喜欢等到身边的人已经大规模行动的时候才会开始行动，他们常见的论调是："我身边的人都还没有学习软实力呢。"这类人别说学不好软实力，任何能力都不一定能学得好，因为这是一个判断力和眼光的问题。有一句话说得好："当大家都认为一件事情是机会的时候，那就不再是机会了。"

4."软实力和硬实力哪个重要？"

经常有人问，软实力和硬实力哪个重要？我说，两个都重要，不过不同的岗位会有不同的要求。如果你干的是技术活，那么技能、技术可能更为重要。但不管你干的是技术活还是非技术活，思维、沟通表达及性格品质等软实力，都是无与伦比的重要。正如软实力概念的提出者约瑟夫·奈教授所言："硬实力和软实力同样重要，但是在信息时代，软实力正变得比以往更为突出。"

尤其是对于想成大事的人来说，软实力显得更为重要。我们可以想象一下，如果项羽当年只是不停地练剑，就算他技能再高，也不过是一代剑客，而无法成为西楚霸王；如果马云只是精通英语这门技能，他肯定缔造不了阿里巴巴这个企业帝国。

我觉得，一个人的真正成功，不仅取决于某点特质，更多的是取决于一个人的整体素质。这一点，我与许多人的观点相反。比如，某一个人如果只懂英语，但不懂外贸知识，那他也许做不了外贸；就算他做得了外贸，也可能由于性格暴躁问题，经常得罪客户，还是做不好；就算他还能勉强做贸易，如果没有毅力，经受不起失败，那他最终还是不会在这个方面取得成功。就这一个例子来看，取得外贸事业上的成功，就不仅仅取决于英语。可是依然有很多人只关注智力和学历，这是一件很荒谬的事情。

就像创业，我觉得，一个人仅凭聪明不可能创业成功，因为他也许不善于合作，也许他没有在逆境中坚持的毅力，也许他没有领导魄力，等等，任何一点缺失都可能导致创业失败。因为创业和找工作在很多方面是不同的，找份工作也许只需要一门技术，但创业必须有完善的素质。刘备和宋江在他们的领域取得领导位置，并不是因为他们的专业技能（比如武艺）卓绝，而是因为他们的软实力卓绝，那就是领导力、知人善用的能力、沟通管理能力、时局分析判断能力、人际关系平衡能力、忠义服众的性格品质，等等。

所以我经常说，成大事者不拘专业，有软实力笑傲江湖。意思就是真正成大事的人是不会满足于专业知识的，他必须广泛涉猎，知识结构和素质健全。当一个人真正具备了强悍的软实力之后，他也许能做成的事情就更大了。当然，如果你求学的梦想仅仅是为了找份工作混口饭吃，那你只需要学好一门专业技能（硬实力）或一种软实力就行，不需要全面提高自己的软实力。

经常有人在比较硬实力和软实力哪个重要，其实这是没法比的。这就相当于人的两条腿，你认为左腿重要还是右腿重要呢？如果将硬实力比成看得见的电脑硬件，那么软实力就是电脑软件，你说哪个重要？如果将硬实力比成看得见的肉体，那么软实力就是灵魂，哪个重要？如果将硬实力比成骨头，那么软实力就是经脉，哪个重要？

（三）眼界与思维

我觉得，眼界、思维、迷茫，很大程度是联系在一起的。一个眼界狭隘的人，不可能思维深刻、见多识广，也就无法摆脱迷茫。

1. 眼　界

眼界狭隘的人，就像瞎子，经常看不见事情的真相；孤陋寡闻的人就像傻子，经常悟不出事情的本质。因为眼界狭隘和孤陋寡闻，很多人经常迷茫，经常走弯路，经常多疑，经常贫困。可以说，眼界狭隘和孤陋寡闻，是一切不幸的罪魁祸首。

晚清有些义和团人士没见过枪炮，只看见洋人站在对面开枪，自己这边的人就一个个倒下，于是他们说："此乃妖术也，当以狗血破之。"于是因为孤陋寡闻而枉送了无数性命。

我们在小学课本里学过《坐井观天》这篇文章，当时我们都觉得这只井底之蛙很蠢，因为它孤陋寡闻，没见过什么世面，就认为天跟井口一样大。可是当我们走入社会，才发现我们大部分人都是井底之蛙。

我在有些讲座中提及乔布斯、马斯克、扎克伯格的时候，很多学校的大学生竟然一脸茫然。

就在去年，我因被问及一个简单的问题，让学生自己去百度时，这位学生竟然问我百度在哪里。我只能安慰自己：好吧，现在是移动互联网时代了，年轻人一般使用各种 App 作为入口上网了，互联网时代的工具他们不会用了吧。我不这么安慰自己，还能怎么样？

如果你不信，有机会我可以给你打开我的邮箱，让你看看，有多少大学生邮件都不会发。经常发生的情况是：邮件正文里根本没有写字，而标题那栏密密麻麻地挤满了几十个字。

当然，有些人跟我说："这不是真的，怎么可能有这种大学生呢？"我一般会问他："那你爷爷、奶奶知道上面这些问题的答案吗？"他若有所思地回答："他们应该不知道吧，可是爷爷、奶奶怎么能和大学生相比呢？"我说："那你就错了，很多大学生就是爷爷、奶奶，我说的是在思想观念或者某些见识上，基本没有什么区别。你要走出自己的圈子，去了解广大基层人民群众的生活状况。"

眼界有限，就会格局狭隘。在我很小的时候，我关心的事情和我妈妈一样，都是哪一天要买酱油了，哪只鸡不吃食了，哪个邻居说了什么话了。现在我早对这类事情没有了兴趣，因为我更关心别的事情，但我妈妈依然关注这些事情，并时不时地提起这些事情。我在想，这跟她的生活圈子有很大关系，生活圈子就决定了一个人的眼界，因为你看到的事情就那么多，所以你关心的事情也就只能那么多了。

我们很多大学生何尝不是因眼界狭隘而导致格局低下的呢？很多同学为了入党、竞选干部、拿奖学金、评荣誉，在那个小圈子里争得死去活来；有些人随便见到身边一个人，就盲目定义为偶像或目标。

2. 思 维

在我们组织的商业实战活动中，一个女生跟我抱怨："我们在卖给别人矿泉水时，别人都没听说过软实力，也不知道我们是'软实力'学员，那我怎么跟他们做生意啊？"

我没有回答她的问题，而是直接问她："你大一的吧？"

她吃惊地问我："你怎么知道？"

我说："如果不是大一的人问我这种很幼稚的问题，我就会把他'怒怼'一顿。谁说'人家没听说过你'就没法做生意了？你买菜的时候知道菜贩子是谁吗？你坐出租车的时候知道司机是谁吗？你买衣服的时候知道营业员是谁吗？"

我很奇怪为什么现在的学生连这么一个简单的问题都想不通。

我经常说，很多人读了这么多年书，把思维这种软实力给读没了。

我们在高中都背过鸦片战争的意义，但是有几个人认真思考过，鸦片战争为什么有那个意义？大部分学生都是拿着课本不加思考、照单全收地一通死背。

我们在高中都做过抛物线公式的数学题，但是谁认真思考过，这个抛物线公式在生活中到底能用在哪里？大部分学生都是拿着这个题一通死做，做完一道又一道。

很多学生天天上课，却不晓得这门课有什么意义，就在那里抄笔记、背答案，这都是缺乏思维能力的表现。

相对而言，国外比较注重思维能力的培养。有这么一个故事说：有一天，一位美国妈妈画了一个圈圈问儿子，这是什么？儿子回答："是零。"妈妈提示他："你再看看，看它还是什么？"结果儿子还是说："零。"这位妈妈很生气，就把学校告上法庭并且赢了官司。这位妈妈的理由是，学校把她儿子给教蠢了，教得没有创新思维能力了。因为她儿子读书之前，看见圈圈就会说这是鸡蛋、是太阳、是月亮、是石头、是地球，但上学之后，圈圈就只是零了。

在应试教育的摧残下，我们何时才能注重创新思维的培养呢？何时才能注重这种质疑能力的培养呢？相当多的大学生，没有教材就不知道如何学习，没有标准答案就不会做题，没有模板就不会做求职简历。这种死记硬背的考试机器一旦走向工作岗位，遇到问题时，要么喜欢找老板要"标准答案"，要么茫然不知所措。

我经常说，好学校与差学校有很多的不同，比如大师的级别和数量不一样，前清华大学校长梅贻琦说过："大学者，非谓有大楼之谓也，有大师之谓也。"我认为其中还有一个不同，就是看讲座数量的多少。很多知名大学每周都有十来场名家大师的讲座，虽然他们思想不同，但兼容并蓄，学生听多了，见识自然也广了。但"烂学校"则不然，他们喜欢闭门封校，严禁思想进入，因为无知者总觉得很多思想就是传销，所以一律封杀；或者他们认为学生变得没头没脑更好管理，思想活跃反而难以管理。至于学生的前途，他们是管不了那么多。所以这些学校一年到头都没一个人去搞讲座，更没有什么学术交流活动。而这里的学生也往往夜郎自大，自我感觉良好。我还听一个校长是这么讲的："叫外面的教授来讲干吗？自己学校的老师就可以讲啊，实在不行我亲自上台讲啊！"呜呼，哀哉！

当一个人思维能力有限的时候，他就会经常被别人影响，盲目跟风，因为没思想的人是最容易被别人影响的。比如有些人考研要看有多少人，考证要看报名人数，参加活动也要看报名人数，这种人只会没脑子地跟风。当一个人跟风跟久了，难免会跟错，或者被骗，这时候这帮见识有限的人就会变得多疑起来："凡是我没听说过的，都是你的错；凡是我没见过的，都不是好人。"

关于思维幼稚的情况在生活中时有发生。在做软实力教育培训过程中，因为软实力毕竟是一个新概念，很多人没听说过，就习惯性认为这是个坏东西。我观察到一个有趣的现象，就是那些没脑子的人见到陌生的事物时，第一反应是猜疑，第二反应是抵制。这一点在日心说与地心说的较量中也体现得颇为明显。

虽然我们的大学都是分专业教育，但是现在有识之士越来越提倡通识教育。虽然现在很多岗位要求扎实的专业技能，但我认为专业技能虽然可以让你立足，但如果同时拥有眼界和思维，则可以让人更好地发展。

3. 迷 茫

迷茫，基本都是因为眼界有限、信息面有限。比如你胡乱填报了专业志愿；比如你胡乱考证，因为你并不知道这个证书对你的作用；比如你胡乱考研，因为你不知道考研的出路。有一个学生兴高采烈地跑过来告诉我，说他被"保研"了。我一听，很难过地说，我为你默哀三分钟。这个同学又说，你知道吗？是免费的。我说，免费有什么了不起，你给我发工资我都不去。最后他说，我考上了研，我爸妈很高兴。我说那你让他们高兴吧，你自己痛苦吧。我为什么要给他默哀三分钟呢？因为根据之前我对他的测评了解，他的性格、他的专业、他的条件，都不适合读研。他读研的理由也可笑：竟然是保研免费、爸妈高兴。

我经常说，我们父母那一代大学生，只要埋头读书就行了，因为国家给他们安排工作，所以自己只要"负责"读书就行。而现在社会形势不同了，工作是自己找的，所以要一只眼睛读书，一只眼睛看社会，根据社会形势来调整自己的方向，根据社会需要来更新自己的知识。

现在的人为什么都普遍迷茫？很多时候都是因为眼界有限。

很多人并不知道眼界的重要性，也不知道从别人身上汲取经验，所以经常是：高中过完了才知道高中应该怎么过，大学过完了才知道大学应该怎么过，人生过完了才知道人生应该怎么过。这是一种多么悲哀的情况啊！

无数大学生总会反复询问：读大学到底读什么？

我一再回答：读大学不仅仅是为了学习那些专业技能、参加那些考级考证，读大学主要是"读思维"，这是大学生区别于那些技工和考试机器的地方。而思维怎么读呢？思维除了来自课本知识，更来自经验、经历、信息、眼界及思考的习惯。

读大学，不仅要重视硬实力，也要重视软实力。尤其是要根据你的职业目标或兴趣天赋，将一种能力深入修炼，打造成职业核心竞争力。

读大学，除了提升专业技能，应该有的目标还有提升思维能力、眼界见识、创新意识，提高自我学习能力、沟通表达能力，完善人格心理，培养热爱生活的态度。

图书在版编目（CIP）数据

大学迷茫问答／晋早著．－－北京：华夏出版社，2019.5
（2023.8 重印）

ISBN 978－7－5080－9714－5

Ⅰ.①大… Ⅱ.①晋… Ⅲ.①成功心理－青年读物 Ⅳ.①B848.4－49

中国版本图书馆 CIP 数据核字（2019）第 048595 号

大学迷茫问答

著　　者	晋　早
责任编辑	贾洪宝　霍本科
封面设计	殷丽云
出版发行	华夏出版社有限公司
经　　销	新华书店
印　　装	三河市万龙印装有限公司
版　　次	2019 年 5 月北京第 1 版　2023 年 8 月北京第 4 次印刷
开　　本	710×1000　1/16
印　　张	16.5
字　　数	350 千字
定　　价	39.00 元

华夏出版社有限公司　社址：北京市东直门外香河园北里 4 号　邮编：100028
网址：www.hxph.com.cn　电话：010－64663331（转）
投稿邮箱：986762145@qq.com　互动交流：010－64672903

若发现本版图书有印装质量问题，请与华夏出版社有限公司营销中心联系调换。